中国沿海的赤潮生物

吕颂辉 李 扬 岑竞仪 王建艳 主编

科学出版社

北 京

内 容 简 介

本书记述了中国沿海常见的赤潮生物共 6 门 15 目 21 科（含 1 亚科）33 属 129 种 4 变种 6 变型。其中，甲藻门 39 种 5 变型、硅藻门 83 种 4 变种 1 变型、异鞭藻门 2 种、金藻门 3 种、定鞭藻门 1 种、蓝藻门 1 种。本书对以上种类进行了形态学描述，并附有光学显微镜图片和电子显微镜图片，是目前国内较为全面的沿海赤潮生物图集。

本书可供海洋生物学、海洋生态学、环境科学等领域的科研工作者、教学人员，以及海洋监测、海洋灾害预报等相关机构工作人员参考。

图书在版编目（CIP）数据

中国沿海的赤潮生物/吕颂辉等主编. —北京：科学出版社，2024.6
ISBN 978-7-03-077469-9

Ⅰ.①中…　Ⅱ.①吕…　Ⅲ.①赤潮－研究—中国　Ⅳ.①Q959.223

中国国家版本馆CIP数据核字（2024）第007724号

责任编辑：李秀伟　白　雪/责任校对：郑金红
责任印制：赵　博/书籍设计：金舵手世纪

科学出版社 出版
北京东黄城根北街16号
邮政编码：100717
http://www.sciencep.com
北京中科印刷有限公司印刷
科学出版社发行　各地新华书店经销
*
2024年6月第 一 版　开本：720×1000　B5
2025年1月第二次印刷　印张：11 1/2
字数：230 000
定价：198.00 元
（如有印装质量问题，我社负责调换）

编委会

中国沿海的赤潮生物

主　　编	吕颂辉　李　扬　岑竞仪　王建艳

编　　委（按姓氏汉语拼音排序）

岑竞仪	陈婕莹	陈作艺	郭立亮
郭雅琼	黄春秀	黄丽芬	黄文静
李　思	李　扬	吕颂辉	马艳艳
聂　瑞	王　艳	王建艳	许晓静
张　华	张　伟	张玉宇	赵秋兰

　　赤潮泛指海洋浮游植物水华（phytoplankton bloom）、微藻藻华（microalgal bloom）、有毒藻类（toxic algae）或有害藻类（harmful algae）。赤潮危害海洋生态系统安全和人类健康，近年来国际上将造成灾害或具有潜在危害的赤潮统称为有害藻华（harmful algal bloom）。全球迄今报道大约有300种海洋微藻能形成赤潮，其中有近1/4的种类会产生藻毒素，部分产毒藻类在较低密度时就能产生毒害或者灾害效应。本书中的赤潮特指有害藻华。

　　赤潮可分为两大类：一是有害赤潮，因微藻细胞高密度聚集引发，可导致水体缺氧和海洋生物死亡；二是有毒赤潮，由产毒素的藻类引发，藻毒素可以通过食物链使海产品染毒或导致鱼类死亡。赤潮对全球经济、公共卫生和海洋生态系统都产生了严重的影响，且影响还有进一步加剧的趋势。

　　我国最早记录的有害藻华可追溯至1933年在浙江沿海暴发的夜光藻赤潮。至20世纪末，我国沿海共记录赤潮事件330起。自2000年开始，我国近海赤潮呈现显著增加的趋势，2000年至2022年，赤潮事件多达1517起，年均69起。赤潮已经成为威胁我国近海生态安全、社会经济发展和人类健康最突出的海洋生态灾害之一。

　　赤潮生物种类的准确鉴定和准确命名是赤潮研究与监测预警等工作的基础，没有种类的正确鉴定，赤潮监测和预警工作将难以展开。随着藻类分类学研究的不断深入和新的分类学技术尤其是分子生物学技术的发展与应用，越来越多的有害藻华种类被鉴定，部分种类的分类地位也在不断被修订。本书对我国近海的主要赤潮生物种类进行了形态学、地理分布及毒性情况的描述，并提供了光学显微镜照片和/或电子显微镜照片，以供赤潮相关研究者和赤潮监测人员参考。

　　本书描述的赤潮生物主要包括4类：①高生物量藻华形成种类（缺氧和/或物理影响造成的危害）；②通过食物链影响人类的产毒素种类；③对其他海洋生物（如鱼类或无脊椎动物）有毒的种类；④不会引起上述问题，但在培养物中通过生物测定或化学分析已发现产生毒素的种类。本书共列出129个物种。

本书中的藻类样品主要采集自浙江、福建、山东、河北、广东、香港等地的近岸海域，以及海南岛、中沙群岛、西沙群岛、南沙群岛等热带岛礁海域。书中大部分图片是基于实验室内纯培养藻株，部分图片拍摄自现场固定样品。

感谢陈亨、段金华、黄丽芬、江丽春、李丽、李群、李思、李霞、林雅柔、刘涛、马方方、马艳艳、滕德强、魏雷、吴珍、谢航、熊胤、严冰、张华、张幸、张玉宇、郑承志、郑季平等参加野外样品采集；黄凯旋、陈亨、郭立亮、黄丽芬、江丽春、李群、李思、聂瑞、张华、赵秋兰等参加光镜和电镜观察，以及崔磊、董悦镭、陈婕莹、张华等在书稿整理中给予的帮助。感谢施云峰老师、田彦宝老师在电镜样品处理方法优化方面的帮助。

本书得到科技基础资源调查专项"我国近海有毒有害藻类与藻毒素调查及开放数据库构建"（2018FY100200），国家重点研发计划项目"典型致灾赤潮的生态学机理与演变规律"（2017YFC1404301）和"有毒有害赤潮新一代综合防控技术体系研发与应用"（2022YFC13103600），国家自然科学基金项目"中国沿海拟菱形藻属物种多样性和产毒特征研究"（32170206）、"基于形态学、生理学和组学特征的海洋底栖有毒甲藻利马原甲藻（*Prorocentrum lima*）的种下分类研究"（42276157）、"热带典型海湾有害底栖原甲藻藻华的生态学过程及发生机制研究"（42076144）、"我国典型热带海域底栖甲藻的生物多样性及其时空分布研究"（31372535）、"中国近海凯伦藻科（甲藻门）的分类学和分子系统学研究"（41606175）、"我国南部海区底栖原甲藻属（*Prorocentrum*）的生物多样性、系统发育及产毒特性研究"（41606176）和"基于分子探针技术的复合型凯伦藻赤潮种群特征及其互作机制研究"（41906112），以及广东省重点领域研发计划项目"海洋藻毒素的快速鉴定、活性物质筛选及神经退行性疾病的新型药物研发"（2023B1111050011）的共同资助，在此一并致谢。

由于样品及数据收集尚有不足，加之编者水平和时间条件有限，本书难免存在缺点和疏漏，恳请专家和读者批评指正。

吕颂辉

2023 年 12 月

甲藻门 Pyrrophyta

原甲藻目　Prorocentrales Lemmermann, 1910 ·············· 2

原甲藻科　Prorocentraceae Stein, 1883············· 2

　原甲藻属　*Prorocentrum* Ehrenberg, 1834 ············· 2

　　心形原甲藻 *Prorocentrum cordatum* (Ostenfeld) Dodge, 1976 ·········· 2

　　东海原甲藻 *Prorocentrum donghaiense* Lu, 2001 ··········· 3

　　纤维原甲藻 *Prorocentrum gracile* Schütt, 1895 ·········· 5

　　利马原甲藻变型 1 *Prorocentrum lima*-morphotype 1 (Ehrenberg) Stein, 1878 ········· 6

　　利马原甲藻变型 2 *Prorocentrum lima*-morphotype 2 (Ehrenberg) Stein, 1878 ········· 7

　　利马原甲藻变型 3 *Prorocentrum lima*-morphotype 3 (Ehrenberg) Stein, 1878 ········· 8

　　利马原甲藻变型 4 *Prorocentrum lima*-morphotype 4 (Ehrenberg) Stein, 1878 ········· 9

　　利马原甲藻变型 5 *Prorocentrum lima*-morphotype 5 (Ehrenberg) Stein, 1878 ········· 10

　　海洋原甲藻 *Prorocentrum micans* Ehrenberg, 1834 ············ 11

　　三叶原甲藻 *Prorocentrum triestinum* Schiller, 1918 ·········· 12

膝沟藻目　Gonyaulacales Taylor, 1980 ············· 13

角藻科　Ceratiaceae Kofoid, 1907············· 13

　三角藻属　*Tripos* Saint-Vincent, 1823············· 13

　　叉状三角藻 *Tripos furca* (Ehrenberg) Gómez, 2013 ············ 13

　　梭三角藻 *Tripos fusus* (Ehrenberg) Gómez, 2013············ 14

　　大角三角藻 *Tripos macroceros* (Ehrenberg) Gómez, 2013··········· 15

　　牟氏三角藻 *Tripos muelleri* Bory de Saint-Vincent, 1826 ············ 16

膝沟藻科　Gonyaulacaceae Lindemann, 1928 ············· 18

　亚历山大藻属　*Alexandrium* Halim, 1960 ············· 18

相近亚历山大藻 *Alexandrium affine* (Inoue & Fukuyo) Balech, 1995 ················· 18

链状亚历山大藻 *Alexandrium catenella* (Whedon & Kofoid) Balech, 1985········· 19

李氏亚历山大藻 *Alexandrium leei* Balech, 1985 ································· 20

马氏亚历山大藻 *Alexandrium margalefii* Belach, 1994 ·························· 21

微小亚历山大藻 *Alexandrium minutum* Halim, 1960································· 22

奥氏亚历山大藻 *Alexandrium ostenfeldii* (Paulsen) Balech & Tangen, 1985 ····· 23

拟膝沟亚历山大藻 *Alexandrium pseudogonyaulax* (Biecheler)

　　Horiguchi ex Yuki & Fukuyo, 1992 ································· 24

塔玛亚历山大藻 *Alexandrium tamarense* (Lebour) Balech, 1995 ················ 25

田宫亚历山大藻 *Alexandrium tamiyavanichii* Balech, 1994 ···················· 26

膝沟藻属　*Gonyaulax* Diesing, 1866 ·· 27

多纹膝沟藻 *Gonyaulax polygramma* Stein, 1883 ····························· 27

具刺膝沟藻 *Gonyaulax spinifera* (Claparède & Lachmann) Diesing, 1866········· 28

裸甲藻目　Gymnodiniales Lemmermann, 1910······························ 30

裸甲藻科　Gymnodiniaceae Lankester, 1885 ····································· 30

赤潮藻属　*Akashiwo* Hansen & Moestrup, 2000 ····························· 30

红色赤潮藻 *Akashiwo sanguinea* (Hirasaka) Hansen & Moestrup, 2000··········· 30

前沟藻属　*Amphidinium* Claperède & Lachmann, 1859 ······················· 31

强壮前沟藻 *Amphidinium carterae* Hulburt, 1957 ···························· 32

裸甲藻属　*Gymnodinium* Stein, 1878 ·· 33

链状裸甲藻 *Gymnodinium catenatum* Graham, 1943 ························· 33

伊姆裸甲藻 *Gymnodinium impudicum* (Fraga & Bravo) Hansen & Moestrup, 2000 ·· 34

莱万藻属　*Levanderina* Moestrup, Hakanen, Hansen,

Daugbjerg & Ellegaard, 2014 ··· 35

垂裂莱万藻 *Levanderina fissa* (Levander) Moestrup, Hakanen, Hansen,

Daugbjerg & Ellegaard, 2014 ··· 35

双凸藻属　*Pseliodinium* Sournia, 1972 ······································· 36

梭形双凸藻 *Pseliodinium fusus* (Schutt) Gómez, 2018 ······················· 37

假旋沟藻属　*Pseudocochlodinium* Hu, Xu, Gu, Iwataki,

Takahashi, Matsuoka & Tang, 2021 ·· 37

深沟假旋沟藻 *Pseudocochlodinium profundisulcus* Hu, Xu, Gu, Iwataki,

Takahashi, Tang & Matsuoka 2021 ··· 38

凯伦藻科　Kareniaceae Bergholtz, Daugbjerg, Moestrup &
　　Fernández-Tejedor, 2005 ··· 39
　凯伦藻属　*Karenia* Hansen & Moestrup, 2000 ························ 39
　　长沟凯伦藻 *Karenia longicanalis* Yang, Hodgkiss & Hansen, 2001 ········ 39
　　米氏凯伦藻 *Karenia mikimotoi* (Miyake & Kominami ex Oda)
　　　Hansen & Moestrup, 2000 ·· 40
　　蝶形凯伦藻 *Karenia papilionacea* Haywood & Steidinger, 2004 ·········· 41
　　鞍形凯伦藻 *Karenia selliformis* Haywood, Steidinger & MacKenzie, 2004 ········· 42
　卡尔藻属　*Karlodinium* Larsen, 2000 ································· 43
　　指沟卡尔藻 *Karlodinium digitatum* (Yang, Takayama, Matsuoka & Hodgkiss)
　　　Gu, Chan & Lu, 2018 ·· 43
　　优美卡尔藻 *Karlodinium elegans* Cen, Lu & Wang, 2020 ·············· 45
　　剧毒卡尔藻 *Karlodinium veneficum* (Ballantine) Larsen, 2000 ············ 46
　塔卡藻属　*Takayama* de Salas, Bolch, Botes & Hallegraeff, 2003 ········ 46
　　绕顶塔卡藻 *Takayama acrotrocha* (Larsen) Salas, Bolch & Hallegraeff, 2003 ········· 47
多甲藻目　Peridiniales Haeckel, 1894 ······························· 48
　多甲藻科　Peridiniaceae Ehrenberg, 1831 ··························· 48
　钙甲藻亚科　Thoracosphaeraceae (Schiller) Tangen, Brand,
　　Blackwelder & Guillard, 1982 ··· 48
　施克里普藻属　*Scrippsiella* Balech, 1965 ·························· 48
　　锥状施克里普藻 *Scrippsiella acuminata* (Ehrenberg) Kretschmann, Elbrächter,
　　　Zinssmeister, Soehner, Kirsch, Kusber & Gottschling, 2015 ············ 48
鳍藻目　Dinophysales Kofoid, 1926 ································· 49
　鳍藻科　Dinophysaceae Bütschli, 1885 ····························· 49
　鳍藻属　*Dinophysis* Ehrenberg, 1839 ······························· 49
　　具尾鳍藻 *Dinophysis caudata* Saville-Kent, 1881 ···················· 50
　　勇士鳍藻 *Dinophysis miles* Cleve, 1900 ····························· 51
夜光藻目　Noctilucales Haekel, 1894 ······························· 52
　夜光藻科　Noctilucaceae Kent, 1881 ································· 52
　夜光藻属　*Noctiluca* Suriray, 1816 ································· 52
　　夜光藻 *Noctiluca scintillans* (Macartney) Kofoid & Swezy, 1921 ·············· 52

硅藻门 Bacillariophyta

盘状硅藻目 Discoidales Schutt, 1896 ·······································54

角毛藻科 Chaetocerotaceae Ralfs, 1861 ·······················54

角毛藻属 *Chaetoceros* Ehrenberg, 1844 ·······················54

窄隙角毛藻 *Chaetoceros affinis* Lauder, 1864 ·······················54

大西洋角毛藻原变种 *Chaetoceros atlanticus* var. *atlanticus* Cleve, 1873 ···········55

大西洋角毛藻那不勒斯变种 *Chaetoceros atlanticus* var. *neapolitanus*

(Schroeder) Hustedt, 1930 ·······························56

大西洋角毛藻骨架变种 *Chaetoceros atlanticus* var. *skeleton* (Schutt) Hustedt, 1930 ·····57

短孢角毛藻 *Chaetoceros brevis* Schutt, 1895 ·······················58

卡氏角毛藻 *Chaetoceros castracanei* Karsten, 1905 ·······················59

紧挤角毛藻 *Chaetoceros coarctatus* Lauder, 1864 ·······················60

扁面角毛藻 *Chaetoceros compressus* Lauder, 1864 ·······················61

双脊角毛藻 *Chaetoceros costatus* Pavillard, 1911 ·······················61

旋链角毛藻 *Chaetoceros curvisetus* Cleve, 1889 ·······················62

丹麦角毛藻 *Chaetoceros danicus* Cleve, 1889 ·······················63

柔弱角毛藻 *Chaetoceros debilis* Cleve, 1894 ·······················64

并基角毛藻 *Chaetoceros decipiens* Cleve, 1873 ·······················65

齿角毛藻 *Chaetoceros denticulatus* Lauder, 1864 ·······················66

齿角毛藻瘦胞变型 *Chaetoceros denticulatus* f. *angusta* Hustedt, 1987 ···········67

双孢角毛藻 *Chaetoceros didymus* Ehrenberg, 1845 ·······················67

双孢角毛藻英国变种 *Chaetoceros didymus* var. *anglicus* (Grunow) Gran, 1908 ·······68

远距角毛藻 *Chaetoceros distans* Cleve, 1894 ·······················69

异角毛藻 *Chaetoceros diversus* Cleve, 1873 ·······················70

印度角毛藻 *Chaetoceros indicus* Karsten, 1907 ·······················71

克尼角毛藻 *Chaetoceros knipowitschii* Henckel, 1909 ·······················72

平滑角毛藻 *Chaetoceros laevis* Leuduger-Fortmorel, 1892 ·······················73

平孢角毛藻 *Chaetoceros laevisporus* Li, Boonprakob, Moestrup &

Lundholm, 2018 ·······························74

罗氏角毛藻 *Chaetoceros lauderi* Ralfs, 1864 ·······················75

短叉角毛藻 *Chaetoceros messanensis* Castracane, 1875 ·······················76

海洋角毛藻 *Chaetoceros pelagicus* Cleve, 1873 ·················· 77

秘鲁角毛藻 *Chaetoceros peruvianus* Brightwell, 1856 ·················· 78

拟旋链角毛藻 *Chaetoceros pseudocurvisetus* Mangin, 1910 ·················· 79

嘴状角毛藻 *Chaetoceros rostratus* Ralfs, 1864 ·················· 80

暹罗角毛藻 *Chaetoceros siamense* Ostenfeld, 1902 ·················· 81

聚生角毛藻 *Chaetoceros socialis* Lauder, 1864 ·················· 82

圆柱角毛藻 *Chaetoceros teres* Cleve, 1896 ·················· 83

扭链角毛藻 *Chaetoceros tortissimus* Gran, 1900 ·················· 84

细柱藻科　Leptocylindraceae Lebour, 1930 ·················· 85

细柱藻属　*Leptocylindrus* Cleve, 1889 ·················· 85

丹麦细柱藻 *Leptocylindrus danicus* Cleve, 1889 ·················· 85

骨条藻科　Skeletonemaceae Lebour, 1930 ·················· 86

骨条藻属　*Skeletonema* Greville, 1865 ·················· 86

中肋骨条藻 *Skeletonema costatum* (Cleve) Zingone & Sarno, 2005 ·················· 87

敏盐骨条藻 *Skeletonema subsalsum* (Cleve) Bethge, 1928 ·················· 87

热带骨条藻 *Skeletonema tropicum* Cleve, 1900 ·················· 88

海链藻科　Thalassiosiraceae Lebour, 1930 ·················· 89

海链藻属　*Thalassiosira* Cleve, 1873 ·················· 89

夏季海链藻 *Thalassiosira aestivalis* Gran & Angst, 1931 ·················· 90

艾伦海链藻 *Thalassiosira allenii* Takano, 1965 ·················· 91

棱角海链藻 *Thalassiosira angulata* (Gregory) Hasle, 1978 ·················· 92

成对海链藻 *Thalassiosira binata* Fryxell, 1977 ·················· 93

有翼海链藻 *Thalassiosira bipartita* (Rattray) Hellegraeff, 1992 ·················· 94

西达礁海链藻 *Thalassiosira cedarkeyersis* Prasad, 1993 ·················· 96

缢缩海链藻 *Thalassiosira constricta* Gaarder, 1938 ·················· 97

旋转海链藻 *Thalassiosira curviseriata* Takano, 1983 ·················· 98

双环海链藻 *Thalassiosira diporocyclus* Hasle, 1972 ·················· 99

双线海链藻 *Thalassiosira duostra* Pienaar, 1990 ·················· 100

偏心海链藻 *Thalassiosira eccentrica* (Ehrenberg) Cleve, 1904 ·················· 101

微小海链藻 *Thalassiosira exigua* Fryxell & Hasle, 1977 ·················· 103

脆弱海链藻 *Thalassiosira fragilis* Fryxell, 1984 ·················· 104

圆海链藻 *Thalassiosira gravida* Cleve, 1896 ·················· 105

亨氏海链藻 *Thalassiosira hendeyi* Hasle & Fryxell, 1977 ·················· 106

库希海链藻 *Thalassiosira kushirensis* Takano, 1985 ·········· 108

平滑海链藻 *Thalassiosira laevis* Gao & Cheng, 1992 ·········· 108

线形海链藻 *Thalassiosira lineata* Jouse, 1968 ·········· 109

伦德海链藻 *Thalassiosira lundiana* Fryxell, 1975 ·········· 110

菱软海链藻 *Thalassiosira mala* Takano, 1965 ·········· 112

极小海链藻 *Thalassiosira minima* Gaarder, 1951 ·········· 113

小宇海链藻 *Thalassiosira minuscula* Krasske, 1941 ·········· 114

微线形海链藻 *Thalassiosira nanolineata* (Mann) Fryxell & Hasle, 1977 ·········· 115

结节海链藻 *Thalassiosira nodulolineata* (Hendey) Hasle & Fryxell, 1977 ·········· 116

厄氏海链藻范氏变种 *Thalassiosira oestrupii* var. *venrickae* (Ostenfeld)
Fryxell & Hasle, 1980 ·········· 117

假微型海链藻 *Thalassiosira pseudonana* Hasle & Heimdal, 1970 ·········· 118

细孔海链藻 *Thalassiosira punctigera* (Castracane) Hasle, 1983 ·········· 119

细弱海链藻 *Thalassiosira subtilis* (Ostenfeld) Gran, 1900 ·········· 120

裙带海链藻 *Thalassiosira tealata* Takano, 1980 ·········· 121

柔弱海链藻 *Thalassiosira tenera* Proschkina-Lavrenko, 1961 ·········· 122

维斯吉思海链藻 *Thalassiosira visurgis* Hustedt, 1957 ·········· 123

威氏海链藻 *Thalassiosira weissflogii* (Grunow) Fryxell & Hasle, 1977 ·········· 124

盒形藻目 Biddulphiales Krieger, 1954 ·········· 125

真弯藻科 Eucampiaceae Schroder, 1911 ·········· 125

弯角藻属 *Eucampia* Ehrenberg, 1839 ·········· 125

短角弯角藻 *Eucampia zodiacus* Ehrenberg, 1839 ·········· 125

等片藻目 Diatomales Bory, 1824 ·········· 126

等片藻科 Diatomaceae Dumortier, 1822 ·········· 126

星杆藻属 *Asterionella* Hassall, 1850 ·········· 126

日本星杆藻 *Asterionella japonica* Cleve, 1878 ·········· 126

海线藻属 *Thalassionema* Grunow, 1902 ·········· 127

菱形海线藻 *Thalassionema nitzschioides* Grunow, 1862 ·········· 127

双菱藻目 Surirellales Mann, 1990 ·········· 128

菱形藻科 Nitzschiaceae Schroder, 1911 ·········· 128

棍形藻属 *Bacillaria* Gmelin, 1788 ·········· 129

奇异棍形藻 *Bacillaria paradoxa* Gmelin, 1788 ·········· 129

筒柱藻属 *Cylindrotheca* Reimann & Lewin, 1964 ·········· 130

新月筒柱藻 *Cylindrotheca closterium* (Ehrenberg) Reimann & Lewin, 1964 ·········· 130

伪菱形藻属 *Pseudo-nitzschia* Peragallo, 1900 ··········· 131

美洲伪菱形藻 *Pseudo-nitzschia americana* (Hasle) Fryxell, 1993 ············· 131

巴西伪菱形藻 *Pseudo-nitzschia brasiliana* Lundholm, Hasle & Fryxell, 2002 ········ 132

花形伪菱形藻 *Pseudo-nitzschia caciantha* Lundholm, Moestrup & Hasle, 2003 ····· 133

靓纹伪菱形藻 *Pseudo-nitzschia calliantha* Lundholm, Moestrup & Hasle, 2003 ····· 134

尖细伪菱形藻 *Pseudo-nitzschia cuspidata* (Hasle) Lundholm,

    Moestrup & Hasle, 1993 ·········· 135

柔弱伪菱形藻 *Pseudo-nitzschia delicatissima* (Cleve) Heiden, 1928 ············· 136

曼氏伪菱形藻 *Pseudo-nitzschia mannii* Amato & Montresor, 2008 ········· 137

多列伪菱形藻 *Pseudo-nitzschia multiseries* (Hasle) Hasle, 1995 ············· 138

多纹伪菱形藻 *Pseudo-nitzschia multistriata* (Takano) Takano, 1995 ············· 138

伪柔弱伪菱形藻 *Pseudo-nitzschia pseudodelicatissima* (Hasle) Lundholm,

    Hasle & Moestrup, 1993 ·········· 139

尖刺伪菱形藻 *Pseudo-nitzschia pungens* (Grunow & Cleve) Hasle, 1993 ··············· 140

中华伪菱形藻 *Pseudo-nitzschia sinca* Qi & Wang, 1994 ··············· 142

亚伪善伪菱形藻 *Pseudo-nitzschia subfraudulenta* (Hasle) Hasle, 1993 ··············· 143

亚太平洋伪菱形藻 *Pseudo-nitzschia subpacifica* (Hasle) Hasle, 1993 ··············· 144

异鞭藻门 Heterokontophyta

卡盾藻目 Chattonellales Throndsen, 1993 ··············· 146

卡盾藻科 Chattonellaceae Throndsen, 1993 ··············· 146

卡盾藻属 *Chattonella* Biecheler, 1936 ··············· 146

海洋卡盾藻 *Chattonella marina* Hara & Chihara, 1982 ··············· 146

异弯藻属 *Heterosigma* Hada, Hara & Chihara, 1987 ··············· 147

赤潮异弯藻 *Heterosigma akashiwo* (Hada) Hada, 1987 ··············· 147

金藻门 Chrysophyta

硅鞭藻目 Dictyochales Heackel, 1894 ··············· 150

硅鞭藻科 Dictyochaceae Lemmermann, 1901 ··············· 150

等刺硅鞭藻属 *Dictyocha* Ehrenberg, 1837 ··············· 150

小等刺硅鞭藻 *Dictyocha fibula* Ehrenberg, 1839 ················· 150

异刺硅鞭藻属　*Distephanus* Stöhr, 1880 ························· 151

六异刺硅鞭藻 *Distephanus speculum* (Ehrenberg) Haeckel, 1887 ·········· 151

海胞藻目　Pelagomonadales Andersen & Saunders, 1993 ········· 152

海胞藻科　Pelagomonadaceae Andersen & Saunders, 1993 ········· 152

金球藻属　*Aureococcus* Hargraves & Sieburth, 1988 ··········· 152

抑食金球藻 *Aureococcus anophagefferens* Hargraves & Sieburth, 1988 ·········· 152

定鞭藻门 Haptophyta

定鞭藻目　Prymnesiales Papenfuss, 1955 ··················· 156

棕囊藻科　Phaeocystaceae Lagerheim, 1896 ················ 156

棕囊藻属　Phaeocystis Lagerheim, 1893 ·················· 156

球形棕囊藻 *Phaeocystis globosa* Scherffel, 1899 ················ 156

蓝藻门 Cyanophyta

颤藻目　Oscillatoriales Cavalier-Smith, 2002 ················ 160

微鞘藻科　Microcoleaceae Strunecky, Johansen & Komárek, 2013 ············ 160

束毛藻属　*Trichodesmium* Ehrenberg, 1892 ················· 160

红海束毛藻 *Trichodesmium erythraeum* Ehrenberg & Gomont, 1892 ·········· 160

参考文献 ··· 161

中文名索引 ·· 164

拉丁名索引 ·· 167

甲藻门 Pyrrophyta

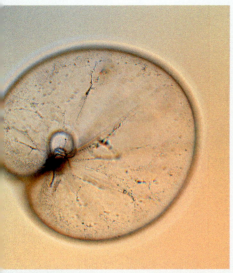

　　甲藻是常见赤潮生物的重要类群之一。甲藻化石记录最早可追溯至志留纪。已知甲藻种类（包括化石种和现生种）有4000多种（Fensome et al.，1993），其中，184种能形成赤潮，近60种为有毒种类（Smayda and Shimizu，1993）。

　　早期分类系统通常根据形态特征将甲藻分为横裂甲藻（Dinokont）和纵裂甲藻（Desmokont）两大类。后经Bibby和Dodge（1973）对甲藻超微结构的研究发现，横裂甲藻和纵裂甲藻的超微结构区别不大，建议将两者合并为一个纲。国际上主张将现生甲藻和化石甲藻统一考虑，其中较认可的分类系统是Fensome体系。该体系认为甲藻包含约2亚门4纲14目56科210属（Fensome et al.，1993）。

原甲藻目　Prorocentrales Lemmermann, 1910

原甲藻科　Prorocentraceae Stein, 1883

原甲藻属　*Prorocentrum* Ehrenberg, 1834

细胞有甲板，由两个壳片组成。细胞壳面观呈卵圆形至梨形，侧面观呈透镜形。两条鞭毛顶生。某些种类顶部有明显的刺或齿状突起。电镜下可以观察到细胞壳面分布有小刺、孔、网纹等结构。细胞核1个，位于细胞后部。某些种类细胞中央有1个蛋白核，近顶部有一液泡。

本属种类营浮游、底栖或附着生活。某些浮游种类容易引发赤潮，某些底栖种类能分泌藻毒素。近年研究发现，本属的某些底栖种类也会暴发赤潮。本书介绍本属6种。

心形原甲藻
Prorocentrum cordatum (Ostenfeld) Dodge, 1976

* 本种与微小原甲藻 *Prorocentrum minimum* (Pavillard) Schiller, 1933 为同种异名。

单细胞，壳面呈心形或卵形。细胞长 12.6～15.9μm，宽 11.0～14.9μm。细胞顶端平截，底端尖，近顶端最宽。顶刺短小，约1μm。电镜下可观察到细胞表面

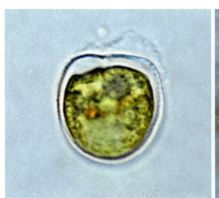

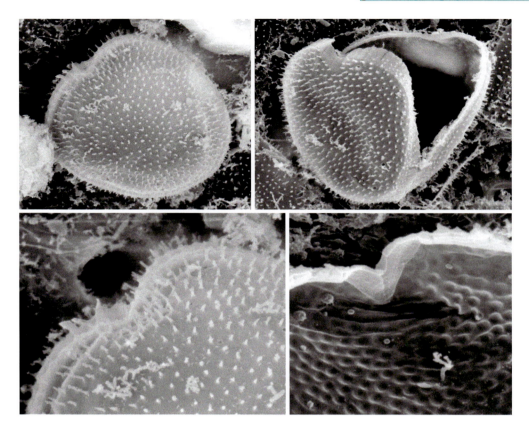

布满突起的小刺和不均匀分布的刺丝胞孔，以及两壳边缘处的间接带。

地理分布：沿岸种，世界性分布。在我国东海、南海、黄渤海海域均有分布，曾在广东省大亚湾、福建省福州市、天津市、河北省秦皇岛市、辽宁省大连市等附近海域发生赤潮。

生物毒性或危害：有毒种类，可产生肝脏贝毒——蛤仔毒素（venerupin shellfish poisoning，VSP），发生赤潮时可能会引起鱼类、贝类死亡。

东海原甲藻
Prorocentrum donghaiense Lu, 2001

* 近年研究认为 *Prorocentrum donghaiense* 与 *Prorocentrum shikokuense* Hada, 1975 和 *Prorocentrum obtusidens* Schiller, 1928 为同种异名。

单细胞，自然样品中（尤其是赤潮发生时）常形成2~4个细胞短链。细胞呈不对称梨形，个体长 13.4～21.7μm，宽 7.6～14.5μm。细胞顶端宽，平截，中央略呈 "V" 形凹陷，一侧有一短的肩状凸出（有时无），无明显顶刺。细胞后部渐狭，底部多呈卵圆形，也有个别藻细胞底部尖。电镜下，细胞壳面分布有许多小刺和刺丝胞孔（多分布在壳面边缘区），老化细胞壳缘处可见间接带。

地理分布： 大洋性或近岸常见种，生活于低温带至暖温带海域，世界性分布。在我国东海、南海、黄渤海海域均有分布，常在浙江省和福建省附近海域引发赤潮。

生物毒性或危害： 是我国东海和南海海域的主要有害赤潮肇事种。

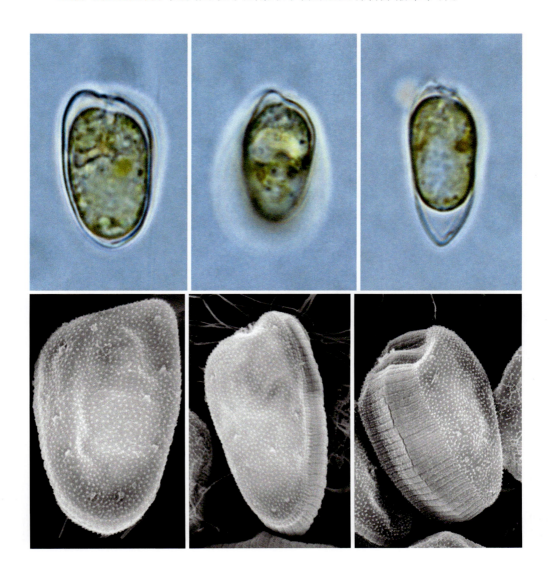

纤维原甲藻
Prorocentrum gracile Schütt, 1895

*本种与反曲原甲藻 *Prorocentrum sigmoides* Böhm, 1933 为同种异名。

　　单细胞。个体大，细长，藻体略呈"S"形。细胞长 71.1～78.1μm，宽 17.9～23.6μm。细胞顶端略凹陷，底端细而尖长。具顶刺，刺长 10.7～17.0μm。细胞背面近中部隆起，腹面与其对应的部分稍凹。两片甲板厚，坚实。细胞核大，位于细胞后半部。

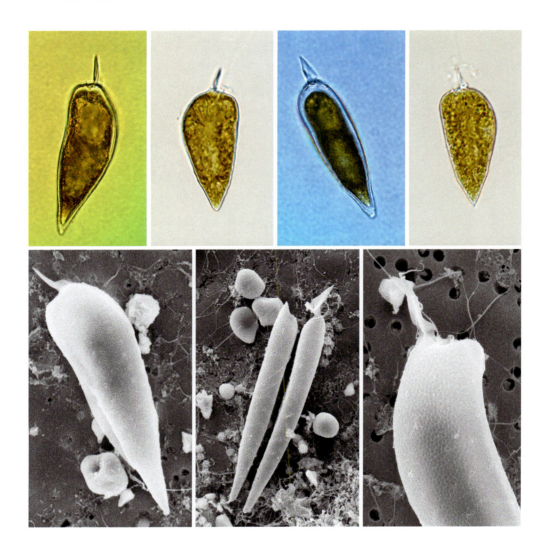

地理分布: 世界广布种,多分布于热带海域。在我国东海、南海、黄渤海海域均有分布,曾在广东省大鹏湾、海南省海口市、山东省烟台市附近海域发生赤潮。

生物毒性或危害: 无毒种类。

利马原甲藻变型1
Prorocentrum lima-morphotype 1 (Ehrenberg) Stein, 1878

细胞宽卵圆形,前端尖,后端宽、圆。光合自养型。细胞长33.51~44.42μm,宽27.29~36.45μm,长宽比1.14~1.36。每个甲板孔数52~84个。壳面边缘有一组排列整齐的圆形孔,孔数42~77个,所有孔边缘圆滑无突起。壳面中央光滑,无孔排列。左右甲板连接处通常光滑无凸出。鞭毛区"V"形,由8块板片组成。鞭毛区具两个孔,分别是鞭毛孔和附属孔,鞭毛孔稍大于附属孔。鞭毛区板片通常会隆起形成嵴状结构(platelet list)。左甲板顶端形成领状突起结构,或完全不突起,或凹陷成浅"V"形。色素体常呈深褐色或黄绿色。细胞中间具一大而明显的圆形蛋白核,蛋白核外包裹一层较厚的淀粉鞘。细胞表面光滑,具分散排列的圆形孔。

地理分布: 广布性种类,分布于全球的温带到热带海域。在我国东海、南海、黄渤海海域均有分布,曾在广东省湛江市附近海域发生赤潮。

生物毒性或危害: 能够产生毒素,如冈田酸(Okadaic acid,OA)及其衍生物、腹泻性贝毒(diarrhetic shellfish poisoning,DSP)等。

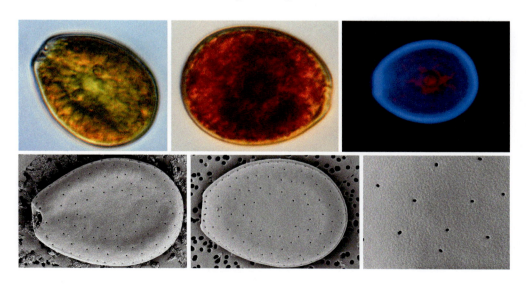

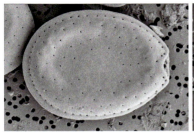  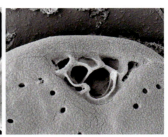

利马原甲藻变型2
Prorocentrum lima-morphotype 2 (Ehrenberg) Stein, 1878

    细胞卵形，细长，前端逐渐变尖，后端圆。光合自养型。细胞长 36.82～39.96μm，宽 25.60～28.85μm，长宽比 1.33～1.45。细胞表面光滑，甲板上分散排列圆形小孔，每个甲板上孔数为 50～72 个。壳面边缘有一组排列整齐的圆形孔，孔数为 48～60 个。细胞中央无孔。鞭毛区呈较浅的"V"形，由8块板片组成，形成两个孔，分别是鞭毛孔和附属孔，有些细胞的鞭毛区板片隆起成嵴状。左甲板顶端平或凹陷。色素体黄绿色。蛋白核位于细胞中央，蛋白核外包裹非常厚的圆形淀粉鞘。

    地理分布：广布性种类，分布于全球的温带到热带海域。我国分布于海南、广东、福建、浙江至山东等海域。

    生物毒性或危害：能够产生毒素，如OA及其衍生物、DSP等。

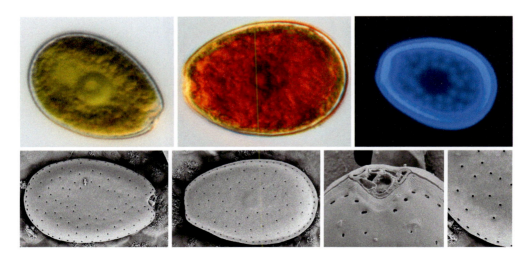

利马原甲藻变型3
Prorocentrum lima-morphotype 3 (Ehrenberg) Stein, 1878

细胞卵形，前端渐细，后端圆。光合自养型。细胞长37.50～48.05μm，宽27.31～38.23μm，长宽比1.23～1.51。细胞表面光滑，甲板上分布有肾形小孔，每个甲板孔数为52～72个，甲板边缘有一组排列整齐的椭圆形小孔，孔数54～80个。所有孔边缘光滑。鞭毛区"V"形，由8块板片组成，形成两个孔，分别是鞭毛孔和附属孔，鞭毛孔稍大于附属孔。鞭毛区板片常隆起成嵴状。左甲板顶端平或凹陷成浅"V"形。色素体呈绿色或黄绿色。

地理分布：广布性种类，分布于全球的温带到热带海域。我国分布于海南、广东、福建、浙江至山东等海域。

生物毒性或危害：能够产生毒素，如OA及其衍生物、DSP等。

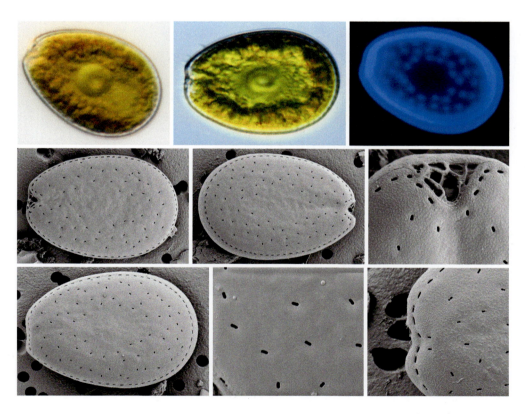

利马原甲藻变型4
Prorocentrum lima-morphotype 4 (Ehrenberg) Stein, 1878

　　细胞卵形或椭圆形。光合自养型。细胞长39.01～44.19μm，宽30.74～34.89μm，长宽比1.25～1.33。细胞表面光滑，甲板上分散排列肾形孔，孔数为71～94个，有些细胞甲板上的孔为椭圆形。细胞边缘有一组排列整齐的椭圆形孔，孔数为49～69个。所有孔都边缘光滑。鞭毛区呈"V"形，由8块板片组成，形成两个孔，分别是鞭毛孔和附属孔，鞭毛孔大于附属孔。鞭毛区板片常隆起成嵴状。细胞中央具一大而明显的蛋白核，蛋白核外有一层较厚的淀粉鞘。左甲板顶端较平。色素体常呈深褐色或黄绿色。

　　地理分布： 广布性种类，分布于全球的温带到热带海域。我国分布于海南、广东、福建、浙江至山东等海域。

　　生物毒性或危害： 能够产生毒素，如OA及其衍生物、DSP等。

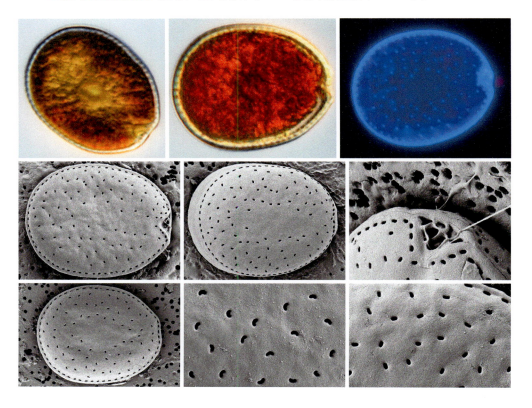

利马原甲藻变型5
Prorocentrum lima-morphotype 5 (Ehrenberg) Stein, 1878

细胞椭圆形至卵圆形，两侧几乎平行。光合自养型。细胞长39.69～44.01μm，宽25.08～28.87μm，长宽比为1.48～1.61。细胞表面光滑，甲板上分散排列椭圆形孔，每个甲板孔数为56～78个。细胞边缘有一组排列整齐的椭圆形孔，孔数为51～69个。所有的孔边缘光滑。鞭毛区呈"V"形，由8块板片组成，形成两个孔，分别是鞭毛孔和附属孔，鞭毛孔略大于附属孔。鞭毛区板片常隆起成嵴状。左甲板顶端平或稍有凹陷。色素体呈绿色或黄绿色。蛋白核位于细胞中部，蛋白核外具非常厚的淀粉鞘。

地理分布： 广布性种类，分布于全球的温带到热带海域。我国分布于海南、广东、福建、浙江至山东等海域。

生物毒性或危害： 能够产生毒素，如OA及其衍生物、DSP等。

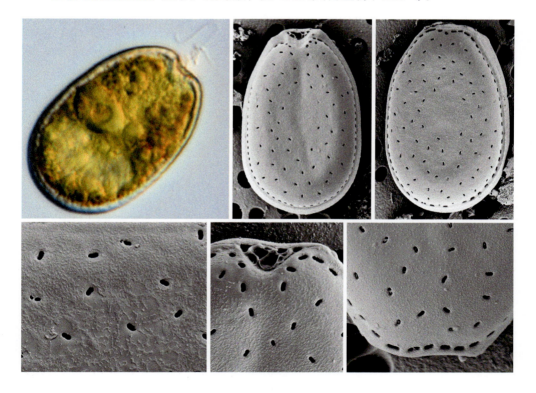

海洋原甲藻
Prorocentrum micans Ehrenberg, 1834

单细胞，壳面呈卵形、亚梨形或近圆形。细胞前端圆，后端尖，藻体中部最宽。细胞长30～44μm，宽21～29μm。细胞顶部具顶刺，尖，长5.0～7.2μm，翼片呈三角形。电镜下可看到细胞顶部生有短副刺。两甲板厚，坚硬，表面分布有排列规则的刺丝胞孔。色素体呈褐色。

地理分布： 世界广布种，广泛分布于沿岸、河口和大洋海域。在我国东海、南海、黄渤海海域均有分布，曾在广东省深圳湾及大鹏湾、浙江省舟山市及台州市、海南省万宁市、河北省秦皇岛市、天津市、辽宁省大连市附近海域发生赤潮。

生物毒性或危害： 无毒种类。发生赤潮时对生态环境会造成一定影响。

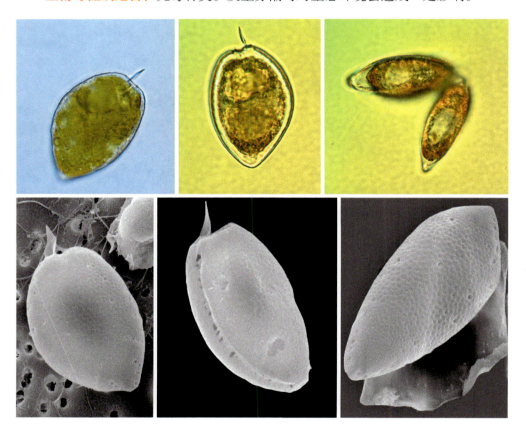

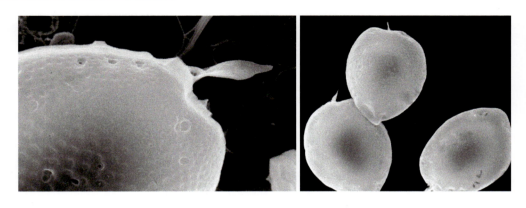

三叶原甲藻
Prorocentrum triestinum Schiller, 1918

单细胞。个体小，尖叶形，顶端圆，末端尖，中间部位最宽。细胞长18.0～30.3μm，宽7.8～12.5μm。顶刺小，长3.1～5.1μm。细胞甲板平滑，电镜下可观察到壳面刺丝胞孔数量少且多分布于近细胞边缘区。

地理分布： 世界广布种，广泛分布于沿海浅水区及大洋海域。在我国东海、南海、黄渤海海域均有分布，曾在浙江省舟山市、河北省秦皇岛市及上海市附近海域发生赤潮。

生物毒性或危害： 无毒种类。发生赤潮时对生态环境会造成一定影响。

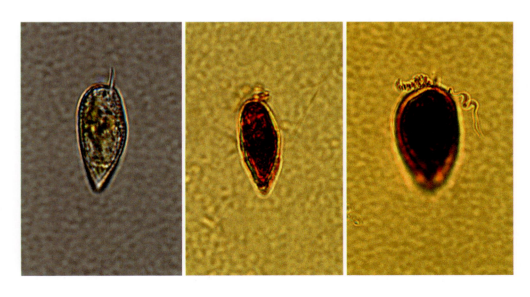

膝沟藻目   Gonyaulacales Taylor, 1980

角藻科 Ceratiaceae Kofoid 1907

三角藻属   *Tripos* Saint-Vincent, 1823

　　细胞个体大，有甲板。多为单细胞，有些种类能形成链状群体。本属藻细胞的关键特征是有2～4个角。横沟位于藻本中央，纵沟凹陷成槽。甲板光滑，其上有孔和网纹。形成链状群体时，一个藻细胞的顶角伸入另一个藻细胞的槽内连接成链。本书介绍本属4种。

叉状三角藻
Tripos furca (Ehrenberg) Gómez, 2013

　　单细胞，偶成群体。细胞个体大，长157.2～205.5μm，宽32.2～41.4μm。藻体上锥部向前伸出一个长角——顶角，下锥部向后伸出两个角——底角。顶角顶端不闭合，底角顶端闭合。上锥部长，下壳部短，横沟部位最宽，藻体中央为斜四方形。两个底角呈叉状向体后伸出近乎平行，一个底角长，一个底角短。甲板厚，电镜下可观察到甲板表面有条纹。色素体多，黄褐色，呈颗粒状。

地理分布：世界广布种，广泛分布于沿海海域。在我国东海、南海、黄渤海海域均有分布，曾在福建省福鼎市及温州市、浙江省舟山市、天津市、河北省秦皇岛市、辽宁省辽东湾和渤海湾、山东省莱州湾和渤海中部附近海域发生赤潮。

生物毒性或危害：无毒种类。发生赤潮时对生态环境会造成一定影响。

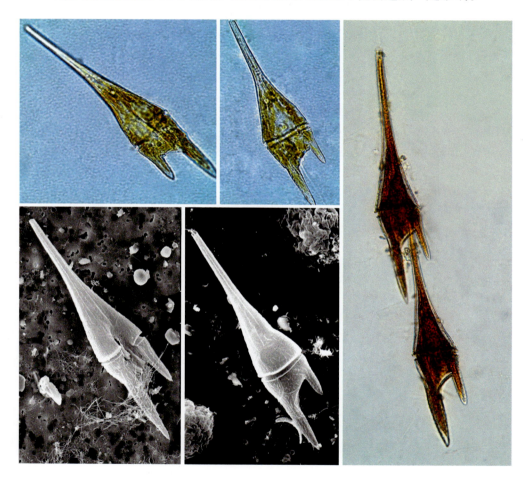

梭三角藻
Tripos fusus (Ehrenberg) Gómez, 2013

单细胞，藻体细长，长梭形，直或轻微弯曲。细胞长207.4～428.3μm，宽11.9～22.3μm。有一个顶角和两个底角，其中一个底角退化。横沟位于细胞中部。藻体在横沟部最宽。上壳部向前逐渐变细，延伸成狭长的顶角。下壳部自底端伸出两底角，一底角瘦长，另一个底角极短小或退化。色素体呈黄褐色。

地理分布：世界广布种，热带和寒带海洋都有分布。在我国东海、南海、黄渤海海域均有分布，曾在浙江省舟山市、辽宁省大连市附近海域发生赤潮。

生物毒性或危害：无毒种类。发生赤潮时对生态环境会造成一定影响。

大角三角藻
***Tripos macroceros* (Ehrenberg) Gómez, 2013**

单细胞。细胞个体大，长118.8～375.9μm。细胞有三个长角，顶端均平截。上壳部呈三角形，顶角自上壳部向前方伸出。下壳部有两个底角，底角自下壳部向后伸出后再弯向前方，其中一个底角与顶角略平行。电镜下可看到甲板表面有网纹。

地理分布：世界广布种，在沿岸和大洋广泛分布。在我国东海、南海、黄渤海海域均有分布。

生物毒性或危害：无毒种类。发生赤潮时对生态环境会造成一定影响。

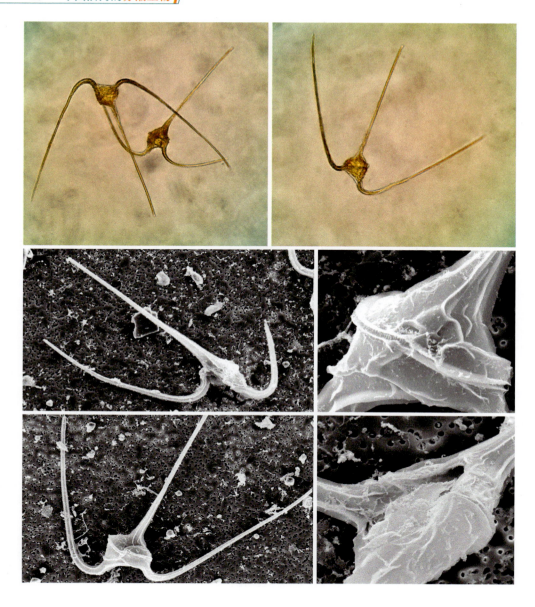

牟氏三角藻
Tripos muelleri Bory de Saint-Vincent, 1826

*本种与三角角藻 *Ceratium tripos* (Müller) Nitzsch, 1817 为同种异名。

　　单细胞。细胞个体大，长 128.2～233.0μm。藻体有三个角，均发达。上壳部呈三角形，顶角自上壳部向前伸出，顶端平截。下壳部有两个底角，自基部伸出直接弯向顶部，与顶角平行或略倾斜，顶端尖。光镜下可隐约看到甲板上的网纹。

地理分布：世界广布种，在沿岸和大洋广泛分布。在我国东海及黄渤海海域均有分布。

生物毒性或危害：无毒种类。发生赤潮时对生态环境会造成一定影响。

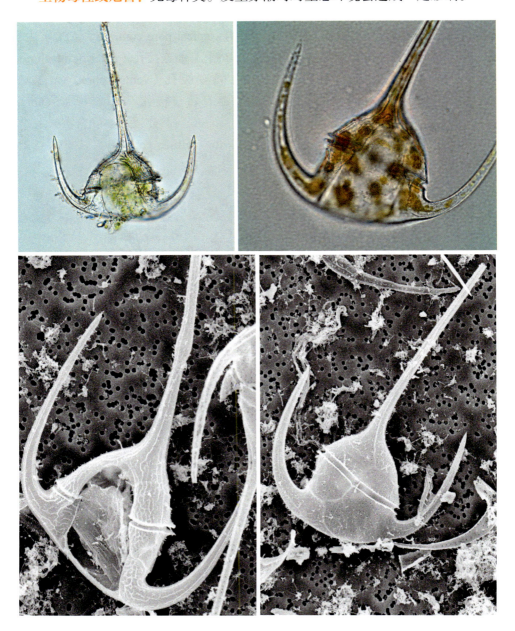

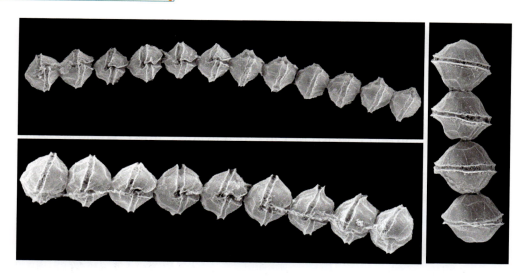

薄，电镜观察细胞表面光滑，分布有许多分散的小孔。APC宽，有一个逗号形的孔，并偶尔会出现连接孔。常由多个细胞组成链状群体，最长可达30多个细胞。

地理分布：世界广布种，在我国东海、南海、黄渤海海域均有分布。曾在福建省泉州市、浙江省舟山市、天津市、辽宁省大连湾附近海域发生赤潮。

生物毒性或危害：有毒种类，可产生PSP。

李氏亚历山大藻
Alexandrium leei Balech, 1985

细胞近似球形。长宽略等，均约40μm。上壳部呈圆锥形，下壳部大于上壳部。横沟浅。顶孔板呈三角形，右缘中部具一小的断痕。顶孔呈狭长逗号状，与第一顶板直接相连，无前连接孔。第一顶板为不规则菱形，两端延长变细。腹孔位于第一顶板内部靠近其右缘，通过一条缝隙与第一顶板右缘相连。前纵沟板长大于宽，前端平直；后纵沟板为斜四边形，宽大于长。电镜下可以观察到甲板上不均匀地分布有小孔。

地理分布：世界广布种，在我国东海、南海、黄渤海海域均有分布。

生物毒性或危害：有毒种类，我国分布的藻株毒性未知。

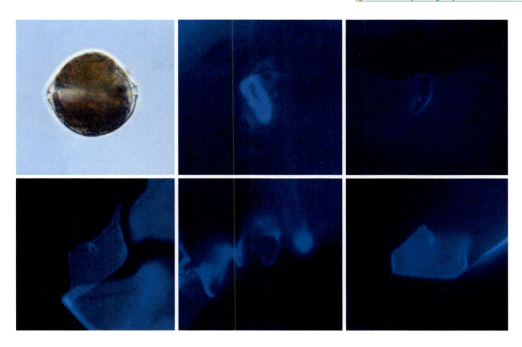

马氏亚历山大藻
Alexandrium margalefii Belach, 1994

单细胞，营浮游生活，未见成链。细胞长24.7～37.7μm，宽28.6～42.5μm，长宽近似相等，或宽稍大于长。上壳部呈圆锥形，下壳部呈梯形，上下壳大小近似相等，下壳底部略凹。横沟位于细胞中央，深凹并且下倾，横沟始末位移小于横沟宽度。顶孔板呈卵圆形，右缘略凹陷。顶孔大，与第一顶板不相连。第一顶板呈四边形，腹孔位于第一顶板左上角，为"1′-4″"结构。第六前横沟板小而窄。前纵沟板宽大于长，左侧宽于右侧。后纵沟板形状特殊，长大于宽。电镜下可以观察到甲板上不均匀地分布有小孔。

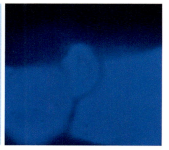

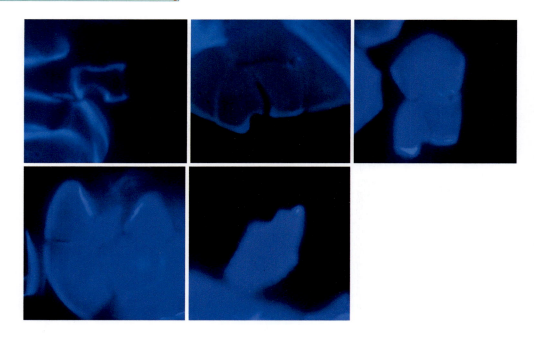

地理分布：沿岸种，海水浮游生活。在我国黄渤海海域有分布。

生物毒性或危害：有毒种类，毒性未知。

微小亚历山大藻
Alexandrium minutum Halim, 1960

单细胞，营浮游生活。藻体为椭球形，细胞长宽近似相等，均约26μm。上壳部呈半圆形，下壳部呈梯形，底部略凹。横沟位于细胞中央，深凹并且下倾，始末位移约为一个横沟的宽度。顶孔板呈卵形，右侧稍向内凹，无前连接孔，与第一顶板直接相连。第一顶板为不规则菱形，前端尖锐或延伸呈线形，后端平直或具矩形间插带。具腹孔，位于第一顶板右缘。后纵沟板左右近对称，宽大于

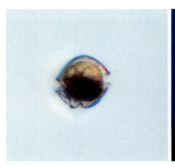
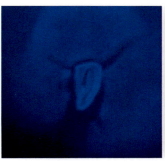
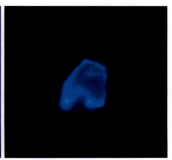

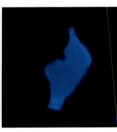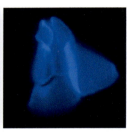

长。后纵沟板上缘呈"W"形，右侧具后连接孔，通过一条短缝隙垂直通向其上缘。电镜下可以观察到甲板上不均匀地分布有小孔。

地理分布：沿岸种，世界范围广泛分布，喜栖息于水流速度较低的海港、浅湾和河口地带。在我国东海、南海、黄渤海海域均有分布。

生物毒性或危害：有毒种类，可产生PSP。

奥氏亚历山大藻
Alexandrium ostenfeldii (Paulsen) Balech & Tangen, 1985

单细胞。长18.6～36.5μm，宽20.4～41.4μm。细胞长宽相等，或宽稍大于长。上壳部呈圆锥形，下壳部呈半圆形，上壳与下壳基本等大。横沟位于细胞中央，较浅、下倾，横沟始末位移小于横沟宽度。顶孔板呈三角形，与第一顶板直

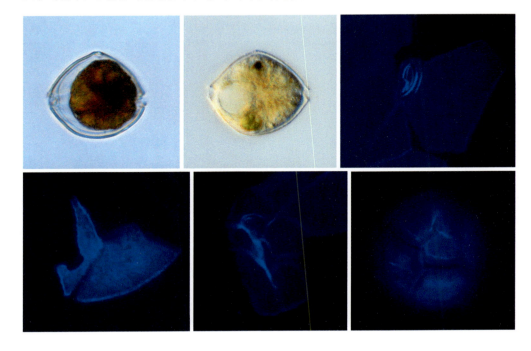

接相连，其上有一个大的逗号形顶孔，周围有缘孔。第一顶板为不规则菱形。腹孔大，圆形，位于第一顶板右缘，紧邻第四顶板。前纵沟板呈梯形或三角形，前端窄，后缘凹陷较小。后纵沟板呈不规则五角形，宽大于长，无后连接孔。第六前横沟板宽大于长。甲板很薄，电镜下可以观察到其表面不均匀地分布有小孔。

地理分布：在河口咸淡水中营浮游生活。在我国东海、南海、黄渤海海域均有分布。

生物毒性或危害：有毒种类，可产生PSP。

■ 拟膝沟亚历山大藻
Alexandrium pseudogonyaulax (Biecheler) Horiguchi ex Yuki & Fukuyo, 1992

单细胞，未见成链。细胞呈五角形，长 18.3～31.1μm，宽 20.7～31.9μm，宽稍大于长。上壳部呈宽圆锥形，下壳比上壳大。横沟较浅、下倾，横沟始末位移小于一个横沟宽度。顶孔板呈卵形，具有狭长的钩状顶孔，与第一顶板不相连，无前连接孔。第一顶板呈五角形，上宽下窄，前缘向右倾斜。腹孔大、半圆形，位于第一顶板前缘中央。第六前横沟板很窄，长大于宽。前纵沟板形状独特，上缘右侧延伸呈角状。后纵沟板长明显大于宽，前端窄、后端宽。甲板很薄，电镜下未观察到其上有小孔。

　　地理分布： 在沿岸半咸水中营浮游生活。在我国南海及黄渤海海域均有分布。

　　生物毒性或危害： 有毒种类，我国分布的藻株毒性未知。

塔玛亚历山大藻
Alexandrium tamarense (Lebour) Balech, 1995

　　单细胞，营浮游生活，或呈2个、4个链状群体。细胞呈五角形，长27.0～41.6μm，宽27.4～44.7μm，长宽相等或宽稍大于长。上壳部呈宽圆锥形，下壳部呈梯形，底部略凹。横沟位于细胞中央，下倾，始末位移等于横沟宽度。顶孔板为矩形或末端较窄，与第一顶板直接相连。顶孔右侧具前连接孔或无，周围具缘孔。第一顶板为不规则菱形，前后端均平直，或前端延长变细与顶孔板相连，后端具间插带。具腹孔，位于第一顶板右缘中部或第一与第四顶板之间。后纵沟板呈五角形，长大于宽，其上缘略呈"V"形，右侧具后连接孔，与后纵沟板右缘通过一条缝隙相连。电镜下可以观察到甲板上具有小孔，分布不均匀。

　　地理分布： 广布种，多见于太平洋北部。在我国东海、南海、黄渤海海域均有分布。曾在福建省宁德市、浙江省温州市、山东省烟台市、辽宁省大连市附近海域发生赤潮。

　　生物毒性或危害： 有毒种类，可产生PSP。

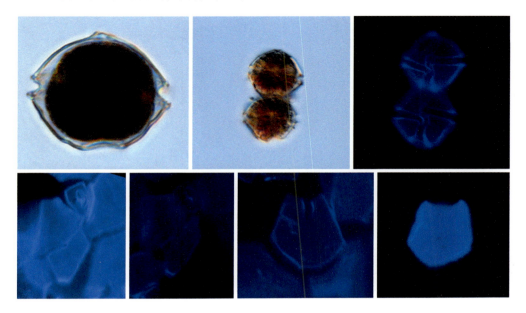

田宫亚历山大藻
Alexandrium tamiyavanichii Balech, 1994

单细胞或群体，营浮游生活，多形成长链。细胞呈近球形，长43.8～56.7μm，宽47.3～58.8μm，长宽相等，或宽稍大于长。上壳部呈半圆形，下壳部呈梯形，底部略凹。横沟位于细胞中央，深凹并且下倾，具肩状突起。横沟始末位移约为一个横沟宽度。顶孔板与第一顶板相连接，顶孔周围具有缘孔，其右侧有一大的前连接孔，有的前连接孔呈闭合状态。第一顶板呈不规则菱形。具腹孔，位于第一顶板右缘。第一顶板与前纵沟板不直接相连，之间具有前横沟板，呈三角形。后纵沟板呈五角形，中央有一很大的后连接孔，通过一条缝隙与后纵沟板右缘相连。后纵沟板呈五角形，上缘呈"V"形，中央有一很大的后连接孔，通过一条缝隙与后纵构板右缘相连。纵沟深，两侧翼状突起明显。电镜下可以观察到甲板上不均匀地分布有小孔。

地理分布：沿岸暖水种，浮游生活。在我国南海海域有分布。

生物毒性或危害：有毒种类，我国北部湾株系产PSP（GTX1-5、STX）。

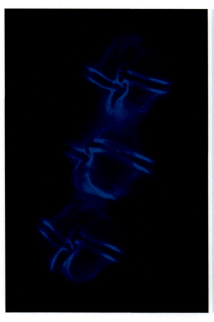
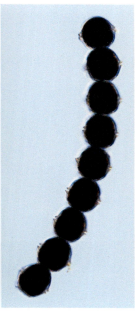

膝沟藻属　*Gonyaulax* Diesing, 1866

细胞呈球形、梭形或多边形。有甲板。横沟位于中央，始末位移大，为横沟宽度的几倍。纵沟主要位于下壳部。壳面有纹饰或无纹。有些种类能形成孢囊。本书介绍本属2种。

多纹膝沟藻
Gonyaulax polygramma Stein, 1883

单细胞。细胞呈宽纺锤形，藻体长 36.3～55.9μm，宽 25.6～45.5μm。上壳部呈倒锥形，从横沟起向前端逐渐变细，形成一粗壮平截的顶角。下壳部呈锥形，由横沟起向下逐渐变细，底端呈钝圆形，并有两条锐利的小棘。横沟始末位移为1～1.5个横沟宽度。纵沟近横沟处窄，向下逐渐变宽。光镜下可以观察到甲板表面有许多突起的纵肋纹，基本呈连续状，肋纹间有网状花纹。

地理分布： 主要分布在温带和热带海域。在我国东海、南海、黄渤海海域均有分布。曾在广东省大鹏湾及大亚湾、海南省三亚市、福建省福州市、浙江省台州市及温州市、山东省东营市及威海市附近海域发生赤潮。

生物毒性或危害： 无毒种类。发生赤潮时对生态环境会造成一定影响。

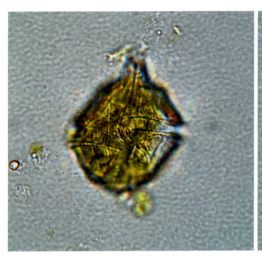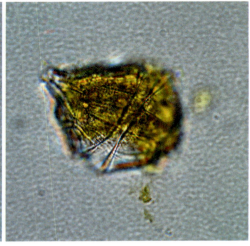

具刺膝沟藻
Gonyaulax spinifera (Claparède & Lachmann) Diesing, 1866

单细胞。细胞腹面观为长菱形，长25.5～33μm，宽21～28.7μm。上壳部呈圆锥形，顶端呈角状，顶角平截。下壳部具底刺，明显。横沟始末位移为2～3个横沟宽度。

地理分布： 世界广布种，在我国东海、南海、黄渤海海域均有分布。曾在广东省汕尾市、浙江省舟山市及宁波市、河北省秦皇岛市、山东省青岛市附近海域发生赤潮。

生物毒性或危害： 有毒种类，产虾夷扇贝毒素（yessotoxin，YTX）。

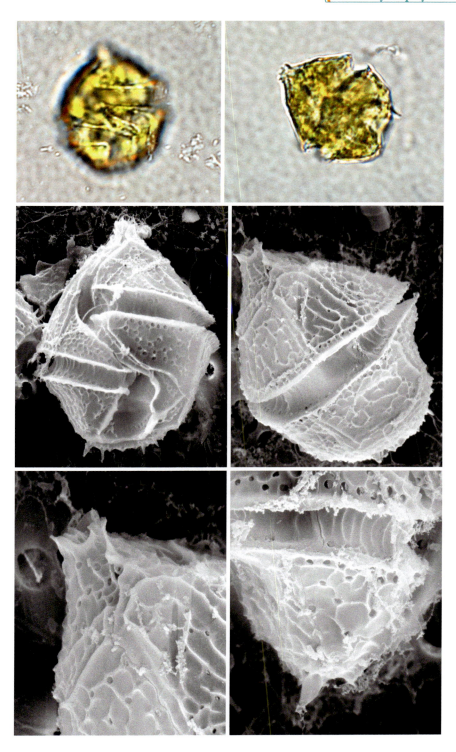

裸甲藻目　Gymnodiniales Lemmermann, 1910

裸甲藻科　Gymnodiniaceae Lankester, 1885

　　细胞裸露，无甲板。横沟、纵沟明显，常具顶沟。顶沟的形态是科内属间的重要区别特征。本书介绍本科6属。

赤潮藻属　*Akashiwo* Hansen & Moestrup, 2000

红色赤潮藻
Akashiwo sanguinea (Hirasaka) Hansen & Moestrup, 2000

　　单细胞，营浮游生活。细胞长35.7～72.0μm，宽25.9～58.7μm。细胞上壳部圆，似"头盔"；下壳部呈"W"形，略长于上壳部。细胞中央处最宽。横沟窄，近细胞中央或中央略上，左旋，始末位移与横沟宽度大致相同。纵沟未侵入上壳部，自横沟-纵沟汇合处直达细胞底端。细胞侧面观扁平。活体细胞呈黄褐色，色彩鲜艳，上锥有一红色眼点。

　　地理分布：世界广布种，常见于温带和热带的内湾、近岸海域。本种在我国东海、南海、黄渤海海域均有分布。曾在广东省珠江口、大亚湾及大鹏湾，广西壮族自治区钦州市，福建省厦门市、泉州市及福州市，浙江省温州市及舟山市，

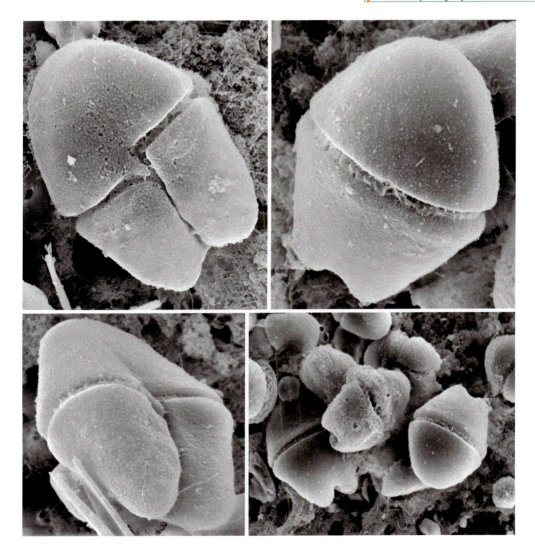

山东省烟台市及威海市，渤海湾北部附近海域发生赤潮。

生物毒性或危害：能产溶血性毒素，对鱼类和虾具有毒性。

前沟藻属 *Amphidinium* Claperède & Lachmann, 1859

细胞裸露、无甲板。细胞形状有球形、陀螺形或双锥形。细胞上锥部显著退化，横沟位于细胞顶端，具或不具位移，纵沟开始于纵向鞭毛孔往细胞底部走向，横纵沟间有腹侧脊。本书介绍本属1种。

强壮前沟藻
Amphidinium carterae Hulburt, 1957

　　单细胞，营浮游生活。细胞呈卵圆形，背侧扁平，腹侧卵圆形且底部左偏。细胞长 12～19μm，宽 9～14μm。腹面观上锥部呈月牙形，顶部向左侧弯曲。横沟起源处到细胞上锥部顶端距离占细胞长度的 1/5。下锥部左侧呈直线形，右侧底部呈弧线形。纵沟起始于细胞腹面中间位置。腹侧脊粗短，连接两个鞭毛孔。细胞核圆形或卵圆形，位于细胞下锥部后部。蛋白核外包裹的淀粉鞘呈环状，位于细胞中间或稍偏前部位。叶绿体呈网状结构，遍布整个细胞。

　　地理分布：世界分布种，常见于热带和温带海域。在我国东海、南海、黄渤海海域均有分布。曾在广东省珠江口附近海域发生赤潮。

　　生物毒性或危害：有毒种类，能产溶血性毒素，对鱼类致毒。

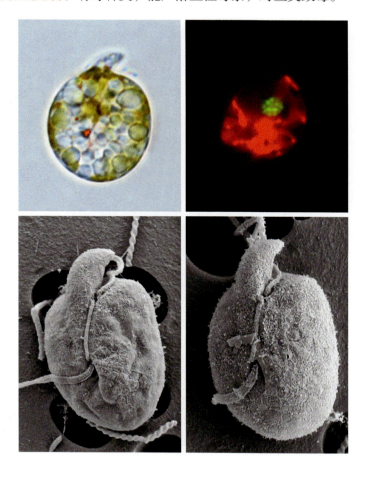

裸甲藻属　*Gymnodinium* Stein, 1878

　　细胞裸露，无甲板。横沟位于藻体中央或略靠前。纵沟常侵入上壳部。多数种类有顶沟。本书介绍本属2种。

链状裸甲藻
Gymnodinium catenatum Graham, 1943

　　单细胞，或多个细胞形成链状群体，成链细胞数一般为16～32个，最多可达64个，肉眼可见细胞链如丝状。细胞长27.0～46.5μm，宽28.2～47.4μm。上壳部平截，呈近圆形或者锥形。下壳部呈倒梯形，底端宽阔且平截。横沟部位最宽。横沟深，位于细胞中后部，始末位移约为横沟宽度的两倍。纵沟从下壳部向上延伸至上壳部。顶沟细，呈马蹄形，在光镜下隐约可见。电镜下，清晰可见顶沟始于纵沟前端，逆时针环绕顶端一周后止于始端近处。藻体颜色鲜艳，色素体呈黄色。

　　地理分布：主要分布于北美洲、欧洲、澳大利亚和日本，在我国东海、南海、

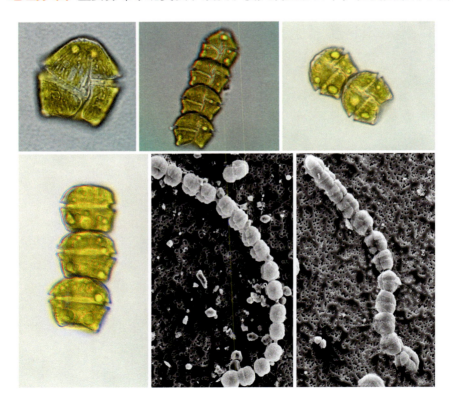

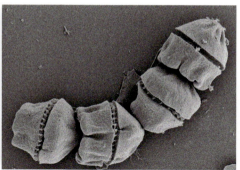

黄渤海海域均有分布。曾在广东省珠海市及汕头市、广西壮族自治区钦州市、福建省泉州市、浙江省宁波市、江苏省海州湾、辽宁省止锚湾附近海域发生赤潮。

生物毒性或危害:有毒种类,可产生PSP。

伊姆裸甲藻
Gymnodinium impudicum (Fraga & Bravo) Hansen & Moestrup, 2000

常由2个、4个或8个细胞形成链状群体。细胞长13.1~29.8μm,宽20.0~30.4μm。链状群体的顶端细胞上壳部呈圆锥形,下壳部扁平;中间细胞上下壳部均扁平。横沟深,始末位移约为横沟宽度的两倍。顶沟环形,始于纵沟入侵的正

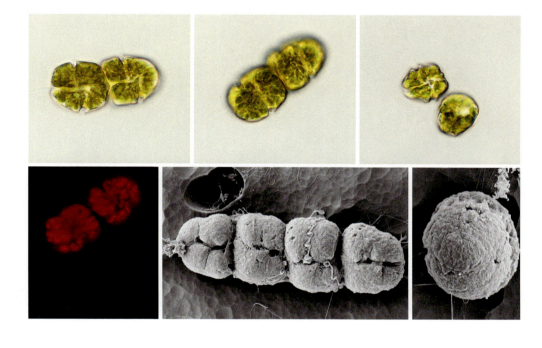

上方，逆时针环绕细胞顶端约90%。叶绿体呈带状，数量多，分布于细胞近外周。

地理分布： 主要分布于澳大利亚、韩国、葡萄牙、西班牙、新西兰、意大利等多个国家沿海海域。在我国南海及黄渤海海域均有分布。

生物毒性或危害： 无毒种类。

莱万藻属　*Levanderina* Moestrup, Hakanen, Hansen, Daugbjerg & Ellegaard, 2014

本属细胞具"U"形顶沟，开口于细胞腹侧。电镜下可见顶沟由三列囊泡组成。细胞核核膜无泡状核室。细胞核通过指状突起连接到鞭毛器。纵沟深，包含位于细胞外层的沟和位于细胞内层包裹纵鞭毛的内管。本书介绍本属1种。

垂裂莱万藻
Levanderina fissa (Levander) Moestrup, Hakanen, Hansen, Daugbjerg & Ellegaard, 2014

* 本种与条纹环沟藻 *Gyrodinium instriatum* Freudenthal & Lee, 1963 为同种异名。

细胞呈卵圆形至球形，背腹略扁平。细胞长29.0～39.8μm，宽26.5～41.6μm。形态变化较大，上壳部顶端或平截或呈圆形。横沟窄而深，始末位移为细胞长度的1/3～1/2。纵沟比横沟宽，略呈"S"形弯曲，直达细胞底部。顶沟"U"形，

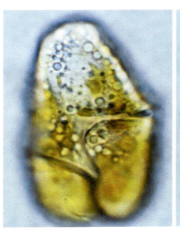

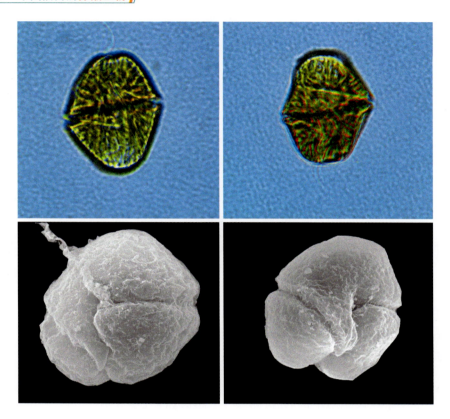

环绕上壳部顶端。细胞核大，呈球形，位于上壳部。藻体颜色鲜艳，色素体呈黄褐色。

地理分布： 广布种，常见于温带和热带河口、浅海水域。在我国东海、南海、黄渤海海域均有分布。曾在广东省汕头市、深圳湾及珠江口，河北省秦皇岛市，天津市附近海域发生赤潮。

生物毒性或危害： 本藻毒性未知。发生赤潮时可能导致鱼类死亡。

双凸藻属 *Pseliodinium* Sournia, 1972

单细胞，或形成2细胞的链状群体。细胞形状呈球状或背腹略扁平。细胞两端常凸出形成长突起。细胞通常包裹在透明膜中。叶绿体呈黄绿色。本书介绍本属1种。

梭形双凸藻
Pseliodinium fusus (Schutt) Gómez, 2018

*本种与镰状环沟藻 *Gyrodinium falcatum* Kofoid & Swezy, 1921 为同种异名。

单细胞，细胞外形多样。细胞长 18.7～52.6μm，宽 7.5～24.1μm。小型细胞呈纺锤形；大型细胞呈镰刀形。上下壳部显著延长成锥形。细胞腹面近中部凹陷。横沟位于细胞中部最宽的部位，左旋向下。色素体多数，呈黄褐色。

地理分布：日本大村湾和墨西哥湾有分布。我国南海海域有分布。

生物毒性或危害：无毒种类。

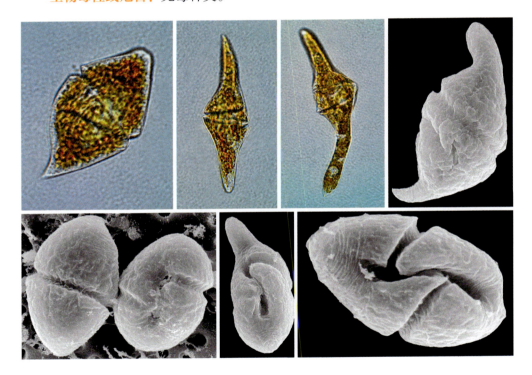

假旋沟藻属   *Pseudocochlodinium* Hu, Xu, Gu, Iwataki, Takahashi, Matsuoka & Tang, 2021

细胞裸露、无甲板。单细胞，或两个细胞相连成链。顶沟呈逆时针环绕，形成芸豆形环状，横沟带围绕细胞1.5～2圈，纵沟窄且深，其顶端入侵上锥部。本书介绍本属1种。

深沟假旋沟藻
Pseudocochlodinium profundisulcus Hu, Xu, Gu, Iwataki, Takahashi, Tang & Matsuoka 2021

单细胞，或两个细胞相连成链。单细胞呈椭圆形，背腹略扁。细胞长22.2～28.3μm，宽22.2～30.2μm。横沟较深，绕细胞旋转1.5～2圈，前半圈是水平的，后半圈向细胞的顶端偏转，始末位移为细胞长度的38%～51%。纵沟窄且深，其顶端入侵上壳部。顶沟呈逆时针环绕，形成芸豆形环状，末端不封闭，向腹侧延伸。

地理分布： 在我国东海及南海海域均有分布。曾在广东省珠江口附近海域发生赤潮。

生物毒性或危害： 有毒种类，毒性未知。

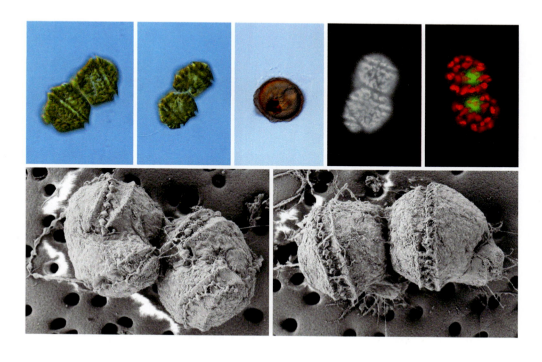

凯伦藻科　Kareniaceae Bergholtz, Daugbjerg, Moestrup & Fernández-Tejedor, 2005

凯伦藻属　*Karenia* Hansen & Moestrup, 2000

细胞裸露，无甲板。细胞的主要辅助色素成分为岩藻黄素或／及其衍生物而非甲藻素。顶沟直线形，从细胞上壳部腹面延伸至背面。本书介绍本属4种。

长沟凯伦藻
Karenia longicanalis Yang, Hodgkiss & Hansen, 2001

* 本种与 *Karenia umbella* Salas, Bolch & Hallegraeff, 2004 为同种异名。

单细胞。细胞呈圆球形，背腹略扁平。细胞长26.28～38.8μm，宽20.89～30.34μm，长宽比为1.02～1.54（相较于其他凯伦藻属种类，本种藻细胞个体略大）。上下壳部均呈半球形。下壳部略平截，底端凹陷。横沟深，始末位移约占藻体长度的1/5。纵沟相对较窄，在下壳部底端逐渐变宽，入侵上壳部成短指状。纵沟靠细胞左下叶有一明显凹陷。顶沟直且长，延伸至上壳部背面的2/3处，在细胞腹面可达到横沟上边缘之下。细胞核大，呈圆形，位于细胞中央。叶绿体形状不规则，呈黄绿色。电镜下可观察到细胞上壳部有8条自上而下呈放射状分布的犁沟。

地理分布： 在我国东海及南海海域均有分布。

生物毒性或危害： 有毒种类，可产生溶血性毒素。

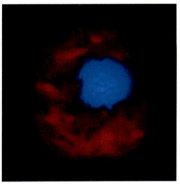

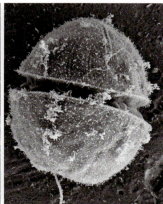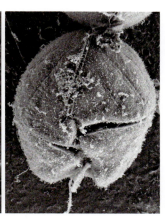

米氏凯伦藻
***Karenia mikimotoi* (Miyake & Kominami ex Oda) Hansen & Moestrup, 2000**

　　单细胞。细胞长 19.8～31.6μm，宽 18.5～27.2μm，长略大于宽。细胞呈宽卵圆形，背腹扁平。细胞上壳部呈半球形或宽圆锥形。下壳部底部中央有凹陷，呈浅裂片状。下壳部大于上壳部。横沟位于细胞中央，略靠近上壳部，始末位移约为横沟宽度的两倍。纵沟入侵上壳部，呈指状。顶沟直，始于横沟起点的右侧略上处，经细胞顶部延伸至上壳部背部约1/2处。细胞核呈椭圆形，位于下壳部左侧，近细胞边缘。叶绿体多个，分布于细胞表面。

　　地理分布： 世界广布种，常见于温带和热带浅海海域。在我国东海、南海、黄渤海海域均有分布。曾在广东省大鹏湾、大亚湾、湛江市及汕尾市，福建省，浙江省近海附近海域发生赤潮。

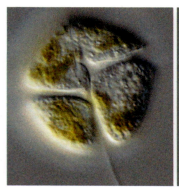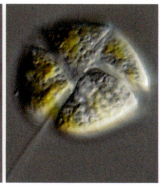

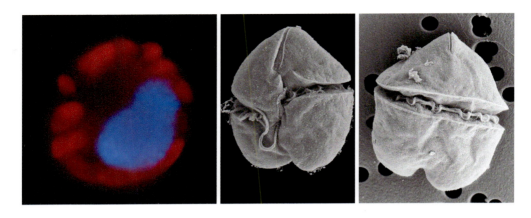

生物毒性或危害：有毒种类，可产生细胞毒素和溶血性毒素。暴发赤潮时，会导致鱼类大量死亡。在新西兰地区曾发生居民因食用本种赤潮区的贝类而中毒的事件。

蝶形凯伦藻
Karenia papilionacea Haywood & Steidinger, 2004

　　单细胞。细胞长18～24μm，宽18～26μm，长宽比为0.86～1.15。细胞腹面凹，背面凸，外观近似蝴蝶形。上壳部呈锥状，顶端渐细，形成龙骨状突起。下壳部中央凹陷，呈浅裂片状。细胞底部观略弯曲，纵切面观呈窄椭圆形。横沟

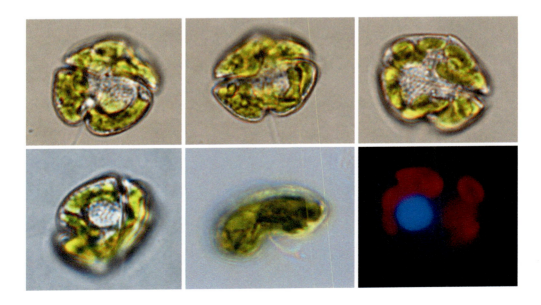

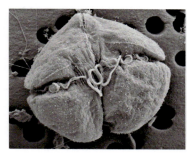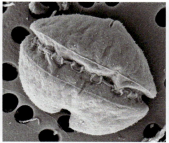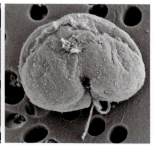

位于细胞中央，始末位移约为一个横沟的宽度。纵沟入侵上壳部，末端呈开口状。顶沟直，自细胞上壳部腹面经龙骨突延伸至背面，延伸长度约为上壳部长度的1/3。细胞核呈球形或卵圆形，位于下壳部左叶，更靠近背部。叶绿体数目多，呈椭球形或球形，黄绿色，分布在细胞表面。

地理分布：世界广布种，常见于温带和热带浅海海域。在我国东海、南海、黄渤海海域均有分布。曾在我国台湾宜兰附近海域发生赤潮。

生物毒性或危害：有毒种类，可产生溶血性毒素。

鞍形凯伦藻

***Karenia selliformis* Haywood, Steidinger & MacKenzie, 2004**

单细胞。细胞长20～29μm，宽13～22μm，长宽比为1.08～1.76。细胞背腹扁平，纵切面呈窄卵圆形。上壳部扁平，呈半圆形或圆锥形，明显小于下壳部。下壳部中央凹陷，两裂片状，呈马鞍形。顶沟直，左右边缘呈卷起状，自上壳部腹部延伸至背面约占上壳部的1/3。横沟位于细胞中央或略靠上，始末位移为横沟宽度的两倍。纵沟右侧与顶沟几近相连，左侧入侵上壳部后逐渐变窄细，末端

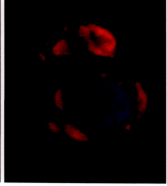

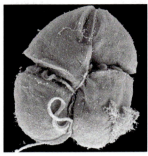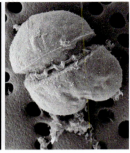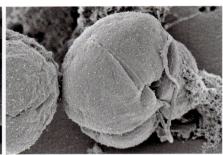

开口。纵沟右侧具有明显的脊状卷边。细胞核大，位于细胞下壳部中央，呈卵圆形、椭圆形甚至长肾形。叶绿体多个，呈肾形，黄绿色，分布于细胞表面（同其他凯伦藻相比，该藻略呈灰白色）。细胞有蛋白核。

地理分布： 世界广布种，在日本和俄罗斯发生过赤潮。我国南海海域有分布。

生物毒性或危害： 有毒种类，可产生环亚胺毒素（gymnodimine）和溶血性毒素，暴发赤潮时会引起鱼类和贝类等海洋生物大量死亡。

卡尔藻属　*Karlodinium* Larsen, 2000

细胞裸露，无甲板。叶绿体内含有扁豆状蛋白核，细胞主要辅助色素为岩藻黄素或其衍生物。细胞表面存在表质膜，表质膜因其上排布有塞状结构而呈六边形。顶沟直。具有腹孔。本书介绍本属3种。

指沟卡尔藻
Karlodinium digitatum (Yang, Takayama, Matsuoka & Hodgkiss) Gu, Chan & Lu, 2018

单细胞。细胞呈球形或卵圆形，长10～26.3μm，宽10～22.5μm，长宽比约为1.2。横截面呈圆形，背腹扁平程度低。上壳部呈半球形或宽锥形，其顶端因有顶沟略呈凹陷。下壳部呈半球形，底端无凹陷。横沟宽，凹陷较深，位于细胞中央，始末位移大于细胞长度的20%。纵沟向上在上壳部入侵形成一个小的指状延伸，向下与横沟相交后在下壳部左侧形成一个小结。顶沟呈直线形，始于横沟近端，经细胞顶端延伸至上壳部背部1/3～1/2处。细胞核大，呈球形至

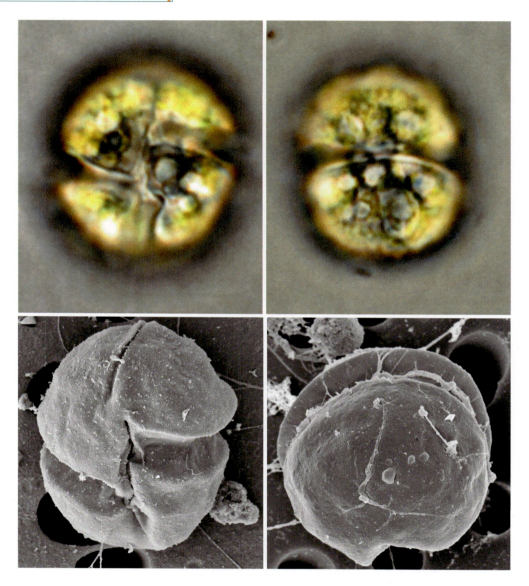

卵圆形，位于细胞中央略靠下位置。叶绿体呈黄绿色至淡黄褐色，形状不规则，10～20个。

地理分布： 在我国东海及南海海域均有分布。曾在我国台湾宜兰附近海域发生赤潮。

生物毒性或危害： 有毒种类，发生赤潮时可引起鱼类死亡。

优美卡尔藻
Karlodinium elegans Cen, Lu & Wang, 2020

单细胞。细胞呈卵圆形。长22～25μm，宽17～21μm，长宽比为1.21。细胞表面均匀分布有纵向条纹。横沟位于细胞中部，始末位移约为细胞长度的30%。纵沟入侵上壳部成指状，在下壳部左叶呈一明显凹陷。细胞具顶沟，长而直，自细胞上壳部腹部延伸到背部1/2处。细胞核大，呈肾形，位于细胞中央。叶绿体呈黄褐色，呈带状分布在细胞周围。电镜下可观察到，上壳部均匀分布有约32条向左弯曲的平行纵向条纹，下壳部规则分布有多条纵向和横向条纹，横纵条纹相交形成多个四边形凹陷。上壳部左侧具一细长狭缝状"腹孔"。

地理分布： 在我国东海海域有分布。

生物毒性或危害： 有毒种类，毒性未知。

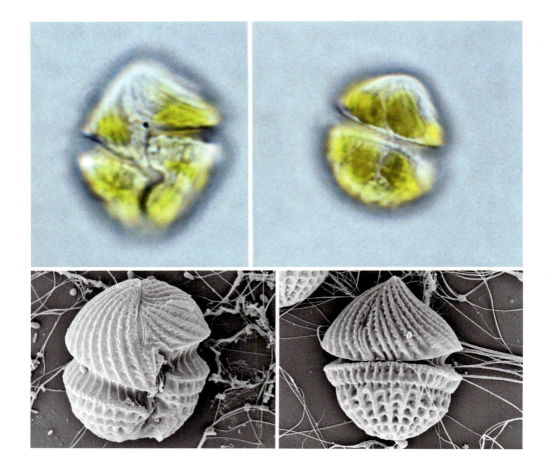

剧毒卡尔藻
Karlodinium veneficum (Ballantine) Larsen, 2000

单细胞。细胞呈卵圆形或球形，长11~19μm，宽8~15μm。上壳部呈圆锥形或圆形，下壳部呈半球形。横沟深，始末位移约为横沟宽度的1~2倍。纵沟略呈"S"形弯曲，入侵上壳部明显，呈指状，入侵角度约45°。顶沟直，短且浅，从上壳部腹面延伸至背面，在背面的长度约为上壳部的1/7。细胞核大，呈卵圆形，位于细胞下壳部。叶绿体2~8个，一般为4个，上下壳部各分布有2个，内含蛋白核。电镜下腹孔明显，呈裂隙状，位于细胞腹面纵沟入侵偏左侧上方。横沟-纵沟连接处有一细长管状物。

地理分布：世界广布种，在我国东海、南海、黄渤海海域均有分布。曾在山东省荣成市海域发生赤潮。

生物毒性或危害：有毒种类，可产生卡尔藻毒素（Karlotoxin），具有溶血活性、鱼类毒性和细胞毒性。

 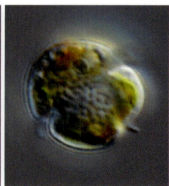 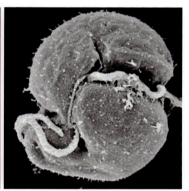

塔卡藻属　*Takayama* de Salas, Bolch, Botes & Hallegraeff, 2003

细胞裸露，无甲板。本属关键特征是细胞主要辅助色素为岩藻黄素或/及其衍生物，顶沟的形状为"S"形。本书介绍本属1种。

绕顶塔卡藻
Takayama acrotrocha (Larsen) Salas, Bolch & Hallegraeff, 2003

单细胞，长14～20μm，宽11～17μm，长宽比1.02～1.64。细胞呈近卵圆形，背腹略扁平，上壳部呈半圆形，下壳部形状不规则、略扁平、底端内凹。横沟始末位移为细胞长度的0.25～0.8倍。顶沟"S"形，始于横沟的上端，环绕细胞上壳部顶端。细胞核大，呈卵圆形至杯状，占据了上壳部的大部分。叶绿体呈圆盘状，主要分布于下壳部，内含蛋白核。

地理分布： 本种早期发现于澳大利亚海域。在我国东海、南海、黄渤海海域均有分布。曾在广东省深圳湾及珠江口、福建省厦门市、浙江省附近海域发生赤潮。

生物毒性或危害： 无毒种类。发生赤潮时对生态环境会造成一定影响。

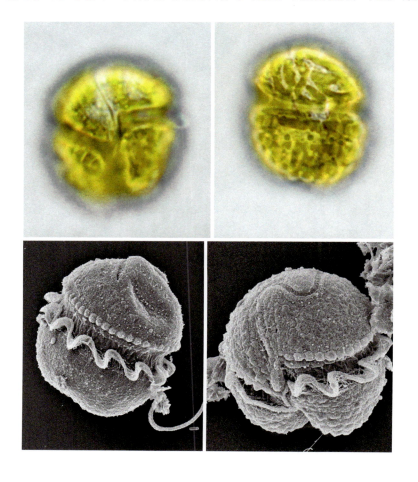

多甲藻目　Peridiniales Haeckel, 1894

多甲藻科　Peridiniaceae Ehrenberg, 1831

钙甲藻亚科　Thoracosphaeraceae (Schiller) Tangen, Brand, Blackwelder & Guillard, 1982

施克里普藻属　*Scrippsiella* Balech, 1965

营浮游或附生生活，可形成钙质胞囊。细胞具甲板。上壳部呈圆锥形，顶端凸出，下壳部呈半球形。横沟位于细胞正中央，纵沟浅且短。可形成钙质孢囊。横沟中央的t板（transitional plate）为本属区别于多甲藻属的主要特征之一。本书介绍本属1种。

锥状施克里普藻
Scrippsiella acuminata (Ehrenberg) Kretschmann, Elbrächter, Zinssmeister, Soehner, Kirsch, Kusber & Gottschling, 2015

单细胞。细胞呈梨形，长19.4～34.0μm，宽14.4～28.7μm。上壳部顶端呈突起状，下壳部呈半球形。横沟宽，位于细胞中央。纵沟短且深。电镜下可观察到

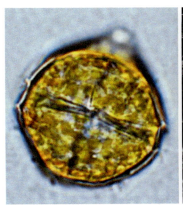
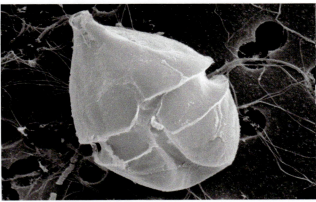

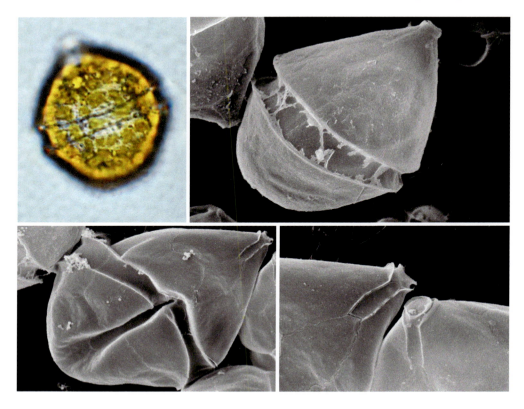

甲板表面光滑，第一顶板狭窄且轻微不对称。

　　地理分布：世界广布种，主要生活在近岸海域。在我国东海、南海、黄渤海海域均有分布。曾在广东省、广西壮族自治区、浙江省、天津市及河北省秦皇岛市附近海域发生赤潮。

　　生物毒性或危害：无毒种类。

鳍藻目　Dinophysales Kofoid, 1926

鳍藻科　Dinophysaceae Bütschli, 1885

鳍藻属　*Dinophysis* Ehrenberg, 1839

　　细胞侧扁，呈椭圆形，部分种类细胞后端伸长或有不规则突起。上壳部小；

下壳部大，占细胞长度的3/4以上。横沟明显，靠近细胞前部。纵沟短。与横沟、纵沟相邻的各块甲板都有边翅，横沟边翅前伸成漏斗状。纵沟左边翅（left sulcal list，LSL）有三条肋（rib）支持，右边翅无支持肋。细胞壳面分布有网纹。色素体呈黄褐色。本属的多数种类都能产生DSP。本书介绍本属2种。

具尾鳍藻
Dinophysis caudata Saville-Kent, 1881

　　单细胞，或两个细胞借边翅连接成群体。细胞个体大，呈不规则卵圆形，长85.3～119.3μm，宽38.0～50.9μm。上壳部低矮，具裙状凸起，中央凹。下壳部底端延伸成一长突起。细胞最宽处位于细胞中央以下。横沟平或稍凹，横

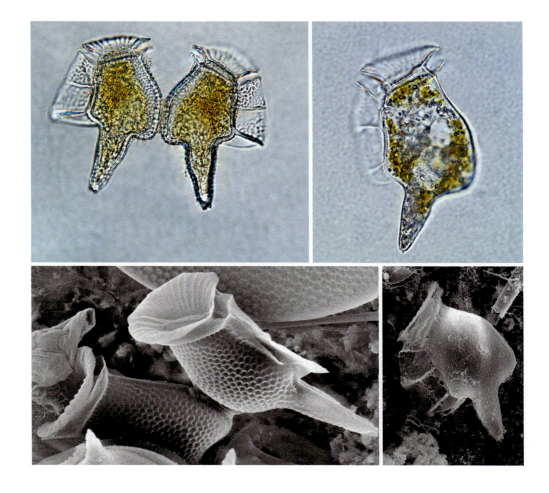

沟上边翅（anterior cingular list，ACL）向上伸展成漏斗状，并具有辐射状肋。横沟下边翅（posterior cingular list，PCL）窄，向上伸展，无肋。纵沟左边翅长为体长的1/2～2/3，具三条肋。纵沟右缘边翅短，呈近三角形。甲板厚，上有龟纹和小孔。

地理分布：世界分布种，主要分布在热带、亚热带海域。本种在我国东海、南海、黄渤海海域均有分布。

生物毒性或危害：有毒种类，可产生DSP。

勇士鳍藻
Dinophysis miles Cleve, 1900

单细胞，或2个、4个、8个细胞借边翅连成群体。细胞长140～165mm，宽16～21mm。细胞自主体部分延伸出两个大的"腿状"突起，一个突起沿细胞腹面纵向延伸至底端，一个突起从细胞背部延伸（又称背突）。背突的尖端稍微向后弯曲。细胞发生分裂后，常通过背突互相连接成群体。

地理分布：世界分布种，主要分布在热带、亚热带海域。在我国东海、南海、黄渤海海域均有分布。

生物毒性或危害：有毒种类，我国分布的藻株毒性未知。

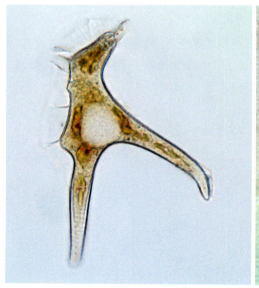
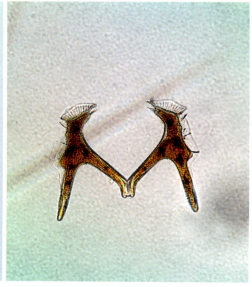

夜光藻目　Noctilucales Haekel, 1894

夜光藻科 Noctilucaceae Kent, 1881

夜光藻属　*Noctiluca* Suriray, 1816

细胞裸露无外壳，个体大，常肉眼可见。细胞有两个鞭毛和一个条状触手。无色素体，营吞噬营养。本书介绍1种。

夜光藻
Noctiluca scintillans (Macartney) Kofoid & Swezy, 1921

细胞大，呈球形或肾形，直径可达150～2000μm，肉眼可见。细胞壁由两层胶状物组成，上有许多微孔。成体横沟消失，仅在腹面留下一小痕迹。纵沟深，与口沟相连。口沟内有一发达的触手，其附近生有一条短鞭毛。细胞中央有一大液泡。该藻包括红色和绿色两种类型。

地理分布：世界广布种，是热带、亚热带海域主要的赤潮生物。红色夜光藻在我国东海、南海、黄渤海海域均有分布，绿色夜光藻在我国仅存于南海海域。曾在广东省、福建省、浙江省、辽宁省、山东省、天津市、河北省沿岸附近海域发生赤潮。

生物毒性或危害：无毒种类。发生赤潮时对生态环境会造成一定影响。

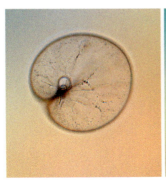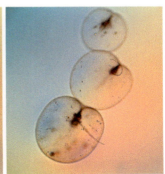

硅藻门 Bacillariophyta

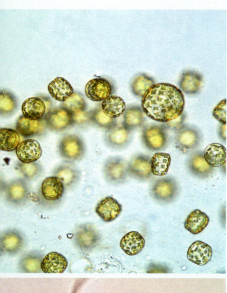

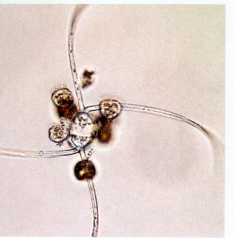

　　硅藻的种类繁多，分布广泛，是海洋浮游植物的主要组成，其中的很多种类，如骨条藻（*Skeletonema*）、角毛藻（*Chaetoceros*）、海链藻（*Thalassiosira*）、伪菱形藻（*Pseudo-nitzschia*）等经常引发赤潮，其中一些还是有毒有害种类。

　　硅藻分类的最早可靠记录是1824年C.A. Agardh所著 *Systema Algarum*（《藻类系统》），其将硅藻分为三类，后来又根据色素体的多少将硅藻分为两大类。到了1872年，H.L. Smith 开始根据壳缝、拟壳缝的有无，将硅藻分为三大类。也有人把硅藻分为能运动的和不能运动的两类，再从不能运动的类型里分为棍形和圆形。目前最通用的是Grunow和Schutt于1896年所订的两个大类：中心纲（Centricae）和羽纹纲（Pennatae），前者硅藻壳面花纹辐射对称，无壳缝，不能运动；后者壳面花纹左右对称，具有壳缝，能运动，也有壳缝退化不能运动的种类。

盘状硅藻目　Discoidales Schutt, 1896

角毛藻科　Chaetocerotaceae Ralfs, 1861

角毛藻属　*Chaetoceros* Ehrenberg, 1844

　　细胞呈短而扁的圆筒形，环面观为四方形或长方形。壳面椭圆形，少数近似圆形，壳面平，中部略隆起或凹下。壳面纵轴两端各生1个角毛，其断面呈圆形、四角形或多角形。电镜下可观察到角毛的表面常有横向排列或螺旋排列的点孔，以及与点纹相间排列的刺状结构。大多数种类相邻细胞的邻近角毛相交，连成直的、弯的链状群体，也有少数种类营单细胞生活。

　　本属种类之间的区别特征主要有：群体特征、胞内色素体的数目和位置、窗孔（aperture）的形状和大小、角毛的位置和形状、角毛上点纹和刺的形状及排列方式、休眠孢子的特征等。本书介绍29种3变种1变型。

窄隙角毛藻
Chaetoceros affinis Lauder, 1864

　　细胞群体直链状。细胞宽环面观长方形，壳面长7～15μm。链端细胞的壳面中央有一个小刺，链内细胞的壳面平。色素体1个，片状。链中角毛生出后即与相邻角毛相交，之后几乎与链轴垂直伸出，形成的窗孔狭小，角毛四棱形，上生4列螺旋排列的小刺。端角毛较粗，弯曲呈镰刀形。

　　地理分布：温带近岸种，世界分布范围很广，温带大西洋、太平洋均有分布。在我国东海、南海、黄渤海海域均有分布。曾在广东省大鹏湾、辽宁省大连市、山东省烟台市附近海域发生赤潮。

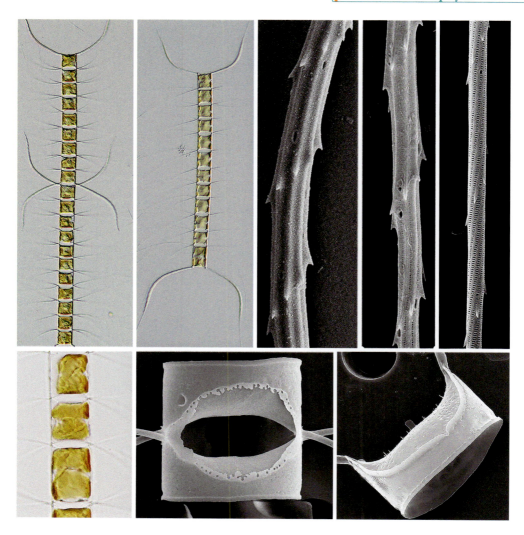

大西洋角毛藻原变种
Chaetoceros atlanticus var. *atlanticus* Cleve, 1873

细胞常形成直的链状群体。宽环面观长方形，壳面长轴15～20μm。角毛生出一段距离后才与相邻角毛相交，形成的窗孔为扁六角形。色素体多，颗粒状，细胞和角毛内均有。壳面稍隆起，中间生1个小刺。角毛截面呈四角形，角毛从中间至末端部分生许多整齐排列的小孔。

地理分布：温带大洋种，主要分布于太平洋、北大西洋及巴伦支海等极地、亚极地海域。在我国东海、南海、黄渤海海域均有分布。

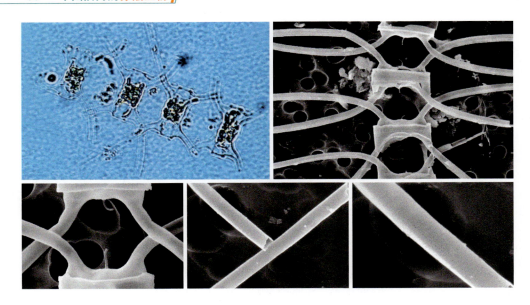

大西洋角毛藻那不勒斯变种
Chaetoceros atlanticus var. *neapolitanus* (Schroeder) Hustedt, 1930

细胞常形成直的链状群体。宽环面观长方形，壳面长轴10μm左右。贯壳轴大于壳面长轴，相邻角毛的相交点离链轴较原变种更远，形成长六角形的窗孔，这些是本变种与原变种的主要区别。色素体分布与原变种一致。壳面稍隆起，中央有或无明显小刺。角毛截面四角形，上生4行平行排列的小刺。

地理分布：热带浮游性，美国南加利福尼亚州、大西洋北纬50°以南及地中海等海域有分布。在我国东海、南海、黄渤海海域均有分布。

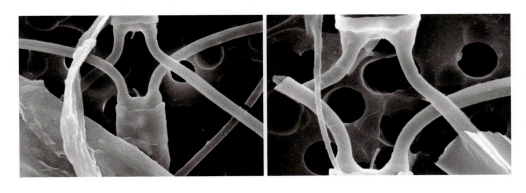

 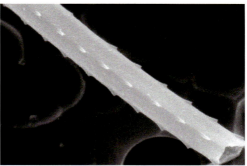

大西洋角毛藻骨架变种
Chaetoceros atlanticus var. *skeleton* (Schutt) Hustedt, 1930

　　细胞常形成直的链状群体。宽环面观长方形，壳面长轴8～18μm。本变种的壳套低于细胞高度的1/3；角毛相交点离链轴的距离较原变种远，形成的窗孔更大，近似正六角形，这些是本变种与原变种的主要区别。壳面稍隆起，中央生1个小刺。角毛上生4行平行排列的小刺。

　　地理分布： 热带浮游性，在印度洋西南部及美国加利福尼亚州外海有分布。我国沿东海（福建东山）、南海中沙群岛和西沙群岛以北海域均有分布。

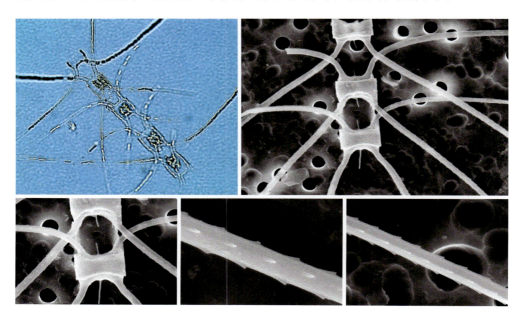

短孢角毛藻
Chaetoceros brevis Schutt, 1895

细胞常形成直的链状群体。宽环面观长方形，宽8～17μm。色素体1个，片状。壳面为椭圆形，中部稍隆起，壳面上有从中央向周围辐射的线条状硅质肋纹。壳套与环带相接处有明显的凹缢。角毛生出一段距离之后与相邻角毛相交，之后弯向链轴，形成较大的六边形窗孔。角毛细，上生4行小刺，排列至角毛末端。休眠孢子的上下壳面均有长刺状突起。

地理分布： 近岸暖水种，在北大西洋、北海、波罗的海、印度洋、爪哇海、日本沿岸均有记录。在我国东海、南海、黄渤海海域均有分布。曾在浙江省舟山市附近海域发生赤潮。

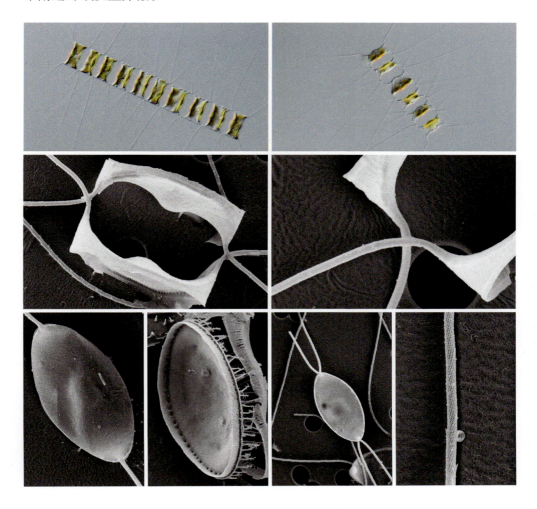

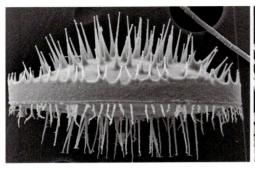
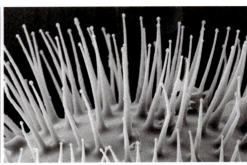

卡氏角毛藻
Chaetoceros castracanei Karsten, 1905

一般由3~4个细胞组成短链群体。宽环面观长方形，壳面长轴12~20μm，贯壳轴大于壳面长轴。角毛着生于壳面边缘内侧，与相邻角毛相交后，平直伸出，因细胞常常发生扭转，壳面角毛向各个方向伸出。色素多，粒状，细胞及角毛内均有。壳面椭圆形，壳面中央稍隆起。窗孔窄，近似一条缝。角毛较粗，基部光滑，远端生有4行小刺和横列点条纹。

地理分布：温带近岸种，阿提哈德岛和日本濑户内海、串本町海域均有记录。在我国东海、南海、黄渤海海域均有分布。

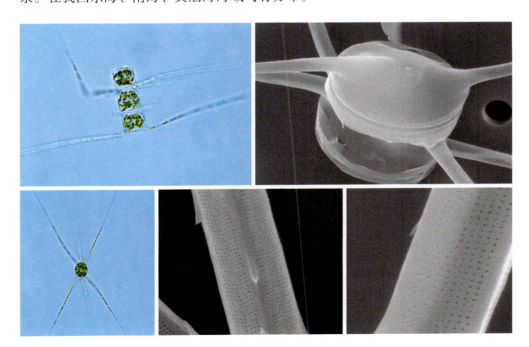

紧挤角毛藻
Chaetoceros coarctatus Lauder, 1864

细胞排列紧密，形成直的链状群体。宽环面观长方形，壳面长轴40～50μm，贯壳轴大于壳面长轴。细胞链上常有钟形虫附着。角毛着生于壳面边缘内侧，即与相邻角毛相交，向链的两端弯曲，形成狭窄的窗孔。角毛粗，生4行平行排列的小刺，基部的刺较短，远端的刺较长。

地理分布： 热带及亚热带外洋性种，暖流指示种，可作为黑潮指示种，南极洲海域、大西洋欧洲和美洲沿岸、印度洋、新几内亚岛和菲律宾沿岸、马尼拉湾、爪哇海、日本海均有记录。我国黄海分布很少，东海、南海常见。

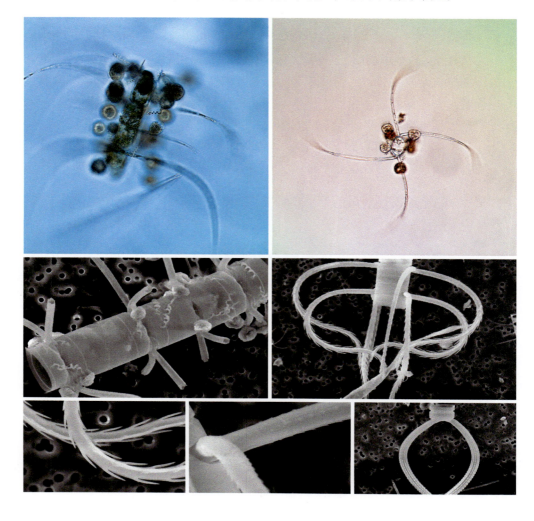

扁面角毛藻
Chaetoceros compressus Lauder, 1864

　　细胞常形成直的链状群体。宽环面观长方形，壳面长轴15μm左右。色素体较多，小板状，只分布在细胞内。壳面平。角毛生出一段距离后才与相邻角毛相交，经一段距离弯向链轴；形成四角形的较大窗孔。链内常生出较粗大的角毛，其上生螺旋排列的刺。

　　地理分布：广布种，从北极到热带海域中都有分布，在暖温带海域分布更为广泛。在我国东海、南海、黄渤海海域均有分布。曾在浙江省舟山市附近海域发生赤潮。

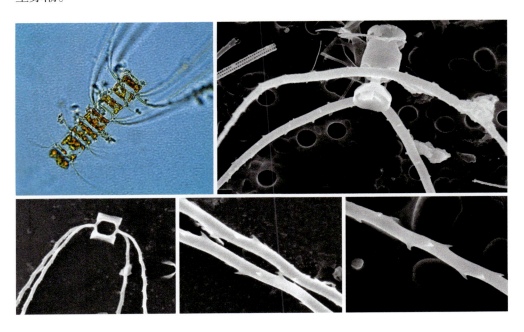

双脊角毛藻
Chaetoceros costatus Pavillard, 1911

　　细胞常形成直的链状群体。宽环面观长方形，壳面长轴约20μm，长轴大于贯壳轴。色素体1个，片状。细胞壳面边缘有4个凸起，与相邻细胞凸起相连。角毛着生于壳面边缘内侧，与相邻角毛交会后斜伸出。角毛上有螺旋排列的小刺。

地理分布：近岸暖水种，曾记录于地中海、英国大西洋沿岸、美国加利福尼亚州外海及加利福尼亚湾、日本濑户内海及青森湾，数量都不多。我国渤海、福建近海、海南岛外海均有记录。

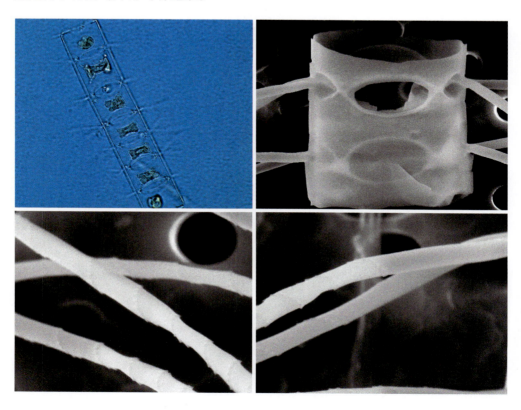

旋链角毛藻
Chaetoceros curvisetus Cleve, 1889

细胞形成弯曲或螺旋状链状。宽环面观长方形，壳面椭圆形，长约10μm。色素体1个。细胞间隙呈长方形、纺锤形、椭圆形或圆形，角圆。角毛生出后即与相邻细胞的角毛相交，弯向链凸的一侧。角毛较细而平滑，其上生有螺旋排列的小刺。

地理分布：广温性沿岸种，北海、巴伦支海、北欧大西洋沿岸、欧洲各海、美国加利福尼亚州沿岸、日本海、澳大利亚新南威尔士州沿海都有记录。在我国东海、南海、黄渤海海域均有分布。曾在浙江省、福建省、天津市发生赤潮。

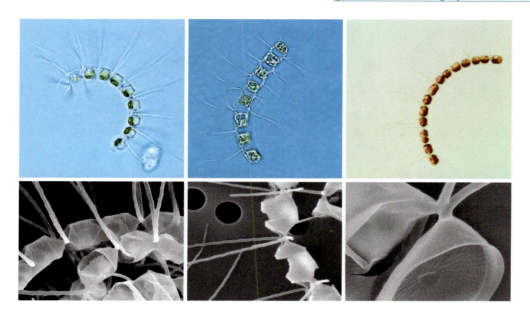

丹麦角毛藻
Chaetoceros danicus Cleve, 1889

　　细胞单独生活。宽环面观长方形，壳面长轴约10μm。色素体多，颗粒状，细胞和角毛内均有分布。壳面平滑，上壳面中部略凹，下壳面平。壳套与环带相接处有明显的凹沟。角毛着生于壳面边缘内侧，生出后沿壳面伸展。角毛基部光滑，远端着生4行小刺。

　　地理分布：北温带近岸种，世界广布种，在北大西洋、地中海、太平洋、日本北海道小樽市海域都有记录。在我国东海、南海、黄渤海海域均有分布。

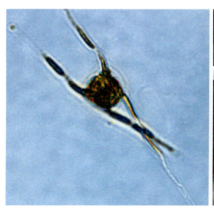
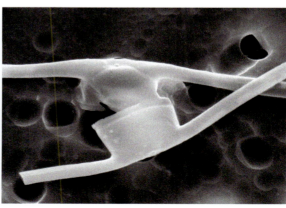

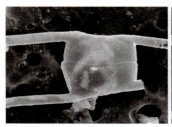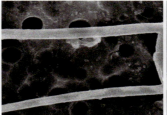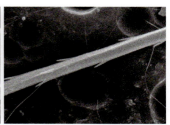

柔弱角毛藻
Chaetoceros debilis Cleve, 1894

细胞常形成螺旋弯曲的链状群体。宽环面观长方形，壳面长20μm，壳面长轴大于贯壳轴。色素体1个，片状。壳面椭圆形，壳面光滑，中央稍隆起。相邻角毛生出后，经一小段距离即相交，然后弯向链凸一侧。窗孔近似长椭圆形。角毛较细，生有螺旋状排列的小刺。

地理分布： 北温带近岸种，英吉利海峡、波罗的海、北冰洋、巴伦支海、白令海、日本海、美国加利福尼亚州沿海和澳大利亚新南威尔士州海域等均有分布。在我国东海、南海、黄渤海海域均有分布。曾在广东省湛江港及福建省厦门市附近海域发生赤潮。

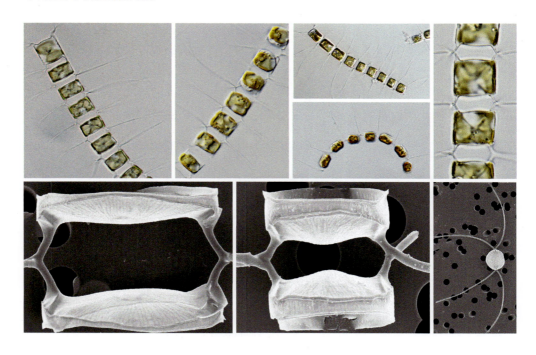

并基角毛藻
Chaetoceros decipiens Cleve, 1873

　　细胞常形成直的链状群体。宽环面观长方形，壳面长轴25～30μm。色素体多，盘状，分布于细胞内。壳套与环带相接处有明显的凹沟。角毛着生于壳面边缘，即与相邻角毛相接，并行一段距离后才分开，这是本种的标志性特征。角毛平直或略弯向链轴伸出，形成扁椭圆形的窗孔。角毛上生4行平行排列的小刺和孔纹。

　　地理分布： 世界广布种，北冰洋、鄂霍次克海、日本海、北大西洋、欧洲各海、澳大利亚新南威尔士州沿海、美国加利福尼亚州南部沿海等均有记录。我国黄海、东海、台湾海峡、南海北部均有记录。

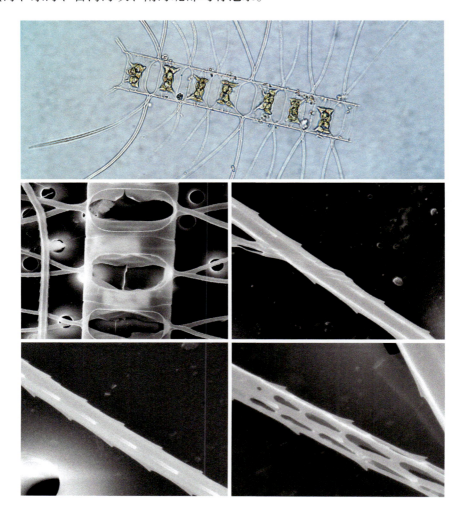

齿角毛藻
Chaetoceros denticulatus Lauder, 1864

　　细胞常形成直的链状群体。宽环面观长方形，壳面长轴约20μm，贯壳轴大于壳面长轴。色素体多，粒状，细胞及角毛内均有分布。壳面稍隆起，光滑。壳套与环带相接处形成明显的凹沟。角毛着生于壳面边缘内侧，相交后，平直伸出，形成菱形的窗孔。链内角毛截面为四角形，内有横纹，4个棱上4行小刺。端角毛基部光滑，远端生4行长刺。

　　地理分布：热带外洋性种，爪哇海、日本海有分布。在我国东海、南海、黄渤海海域均有分布。

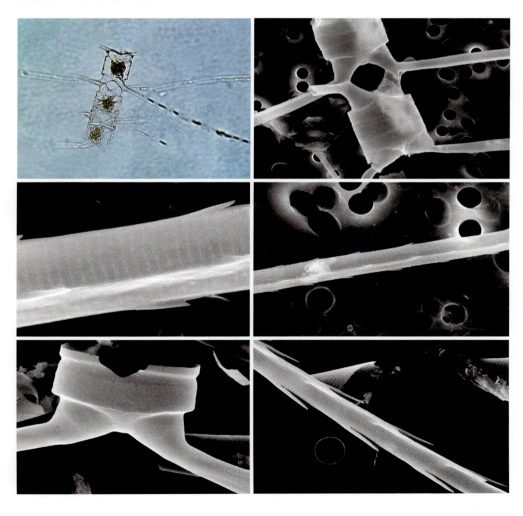

齿角毛藻瘦胞变型
Chaetoceros denticulatus f. *angusta* Hustedt, 1987

细胞常形成直的链状群体。宽环面观长方形，壳面长轴 10～15μm，贯壳轴远大于壳面长轴。本变型端角毛与原种也存在很大的差别，变型端角毛截面呈正方形，上有横纹，没有小刺生长。

地理分布： 暖水种，在我国东海及黄渤海海域均有分布。

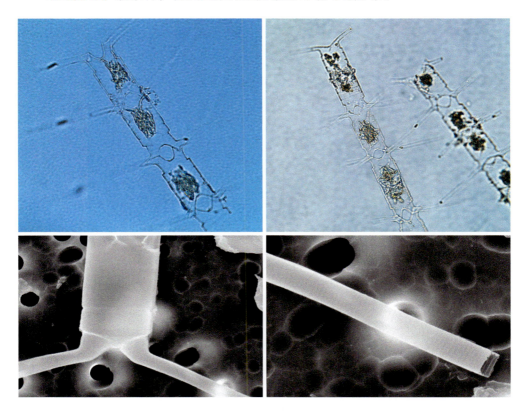

双孢角毛藻
Chaetoceros didymus Ehrenberg, 1845

细胞常形成直或略弯曲的链状群体。宽环面观长方形，壳面长轴约20μm。壳面下凹，中央有1个半球形的凸起。色素体2个。角毛着生于壳面边缘，生出即与相邻角毛相接，之后弯向链端。窗孔椭圆形。端细胞壳面的凸起上有小刺分布。端角毛比链内角毛粗，角毛上生有4行小刺。

地理分布：温带近岸种，广泛分布于太平洋、大西洋、地中海、爪哇海、日本沿海、澳大利亚新南威尔士州沿海等。我国各海域均有记录，夏季最多。

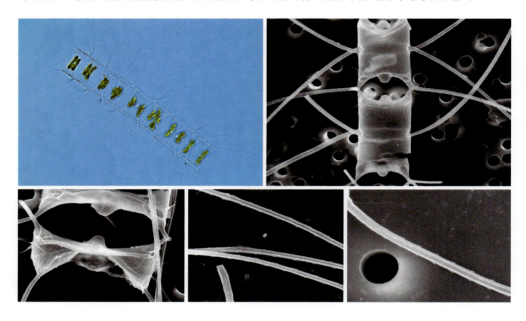

双孢角毛藻英国变种
Chaetoceros didymus var. *anglicus* (Grunow) Gran, 1908

细胞常形成直的链状群体。宽环面观长方形，贯壳轴大于壳面长轴。角毛着生于壳面边缘，生出即与相邻角毛相接。窗孔较大，六角形。角毛上生4行小刺。

地理分布：南温带暖海近岸种，日本北海道小樽市海域、爪哇海、泰国湾及美国加利福尼亚州沿海均有记录。在我国南海海域有分布。

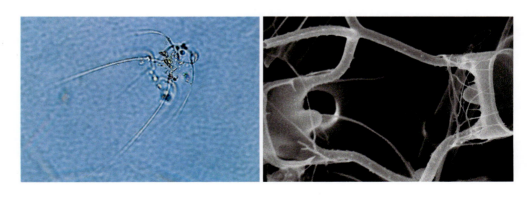

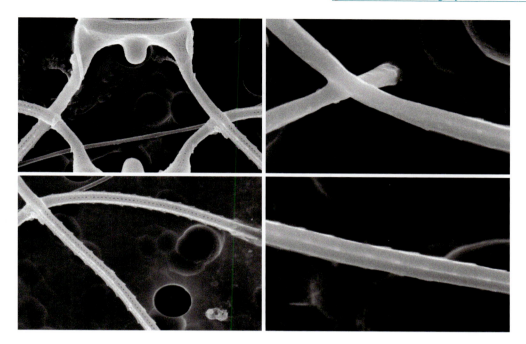

远距角毛藻
Chaetoceros distans Cleve, 1894

　　细胞常形成直的链状群体。宽环面观长方形，宽10～15μm，宽度与高度近似。色素体1个。壳面稍隆起，生从中央向周围辐射的花纹。壳套与环带相接处有明显的凹沟，凹沟向壳面弧弯曲。相邻角毛经一段距离相交，即弯向链的侧边，形成长方形的细胞间隙。端角毛与链内角毛不同，端角毛上生有6行小刺，每行刺之间均有凹沟；链内角毛上生2行小刺。

　　地理分布：近岸暖水种，在爪哇海及日本海域均有分布。我国各海域均有记录，数量不多。

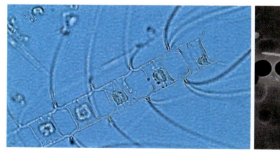
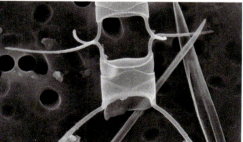

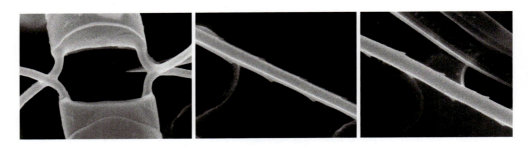

异角毛藻
Chaetoceros diversus Cleve, 1873

　　细胞形成短的链状群体，一般由3~4个细胞组成。宽环面观长方形，壳面长轴约10μm。壳面光滑，中央部分稍隆起。角毛着生于壳面边缘，生出即与相邻角毛相接，形成较窄的窗孔，近似缝状。色素体1个。一般出现两种角毛，两端角毛较细，与链轴垂直伸出，之后弯向链轴。链内角毛一般较粗，两相邻角毛交会后，约呈45°向链侧伸出，一段距离后又弯向链端，以弯曲部分最粗。粗角毛上生有4行小刺。

地理分布： 热带、亚热带近海种，暖流指示种，本种在爪哇海大量出现，在日本近海暖水区、青森湾及北海、地中海均有记录。我国黄海、东海、南海均有记录。

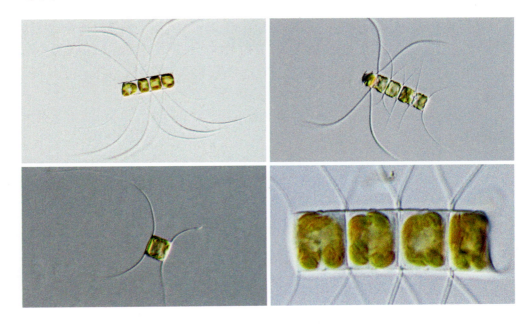

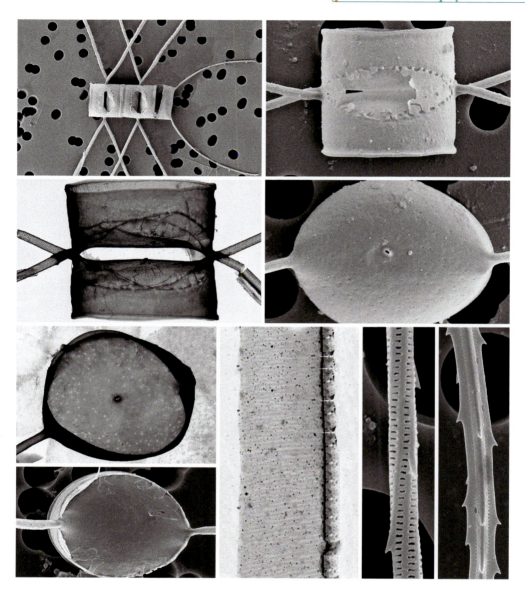

印度角毛藻
Chaetoceros indicus Karsten, 1907

　　细胞常形成直的链状群体。宽环面观长方形，壳面长轴20～25μm，与贯壳轴的大小接近。色素体多，粒状，细胞及角毛内均有。壳面椭圆近似圆形，壳面光滑，中部稍凹陷。壳套与环带相接处有小凹沟。角毛着生于壳面边缘内侧，生出后经小段距离与相邻角毛相接，与链轴垂直伸出，形成扁菱形的窗孔。角毛较粗，截面呈四角形，具有4行平行排列的小刺。

地理分布： 暖水种，在爪哇海、日本濑户内海、串本町海域等均有记录。在我国东海海域有分布。

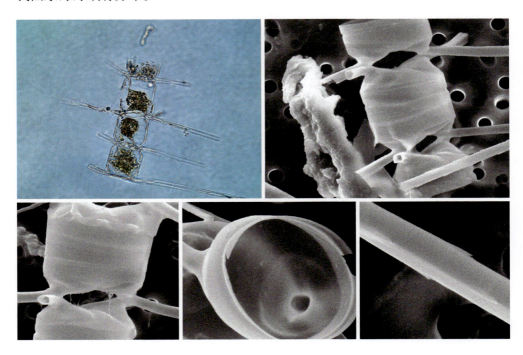

克尼角毛藻
Chaetoceros knipowitschii Henckel, 1909

细胞常形成直的链状群体。宽环面观长方形，壳面长轴约15μm，大于贯壳轴。壳面平或略有突起。色素体2个，分布于细胞的两侧。角毛着生于壳面边缘，生出即与相邻角毛相接，然后平直地向链端斜伸，形成较窄的窗孔，似一条缝。常出现两种角毛，链中角毛较细；链端常出现一条比较粗大的角毛，上生4行锋利小刺，另一条易脱落。休眠孢子呈椭圆形，初生壳凸，有许多小刺，后生壳平滑。

地理分布： 本种适温性较高，适盐性较低，可作为半咸水指标种，在黑海、里海、亚速海均有记录。在我国南海及黄渤海海域均有分布。

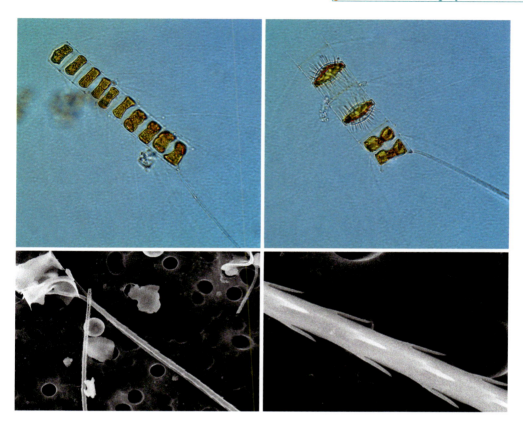

平滑角毛藻
Chaetoceros laevis Leuduger-Fortmorel, 1892

　　细胞链状，链较短。宽环面观长方形，壳面长轴8～10μm，大约是贯壳轴的两倍。壳面稍隆起。窗孔很窄，呈缝状。色素体1个。角毛着生于壳面边缘，存

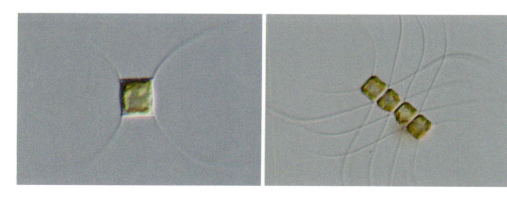

地理分布：南温带近海种，在爪哇海、日本濑户内海、青森湾、南加利福尼亚海域、北海、波罗的海、英吉利海峡等均有记录。我国各海域均有分布。

 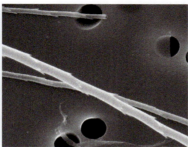 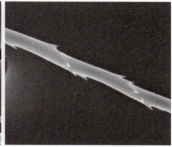

短叉角毛藻
Chaetoceros messanensis Castracane, 1875

细胞常形成直的链状群体。宽环面观长方形，壳面长轴12～15μm，与贯壳轴的高度接近。色素体1个。壳面略凸。壳套与环带相接处无明显凹沟。窗孔为长椭圆形。链上角毛有两种形态，大部分角毛较细，生出后缓慢弯向链端，其上生有螺旋状排列的小刺；少部分角毛较粗，成对着生于一个窗孔的两侧，角毛相交后合在一起至末端，之后又呈叉状分开，分叉前角毛光滑，分叉后的角毛上生有螺旋状排列的小刺。链上端和下端角毛与链内角毛相似，但伸出方向不一致。

地理分布：热带外洋性种，韩国南部沿海、日本近海、萨哈林岛（库页岛）海域也有记录。在我国东海及南海海域均有分布。

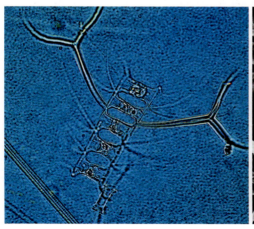 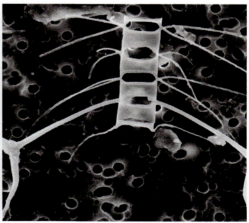

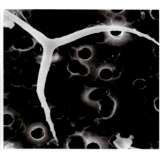

海洋角毛藻
Chaetoceros pelagicus Cleve, 1873

　　细胞常形成直的链状群体。宽壳面观长方形，壳面长轴8～12μm。色素体1个，片状。壳面平，端细胞的壳面中央有1个突起（唇形突）。角毛着生于壳面边缘，生出即与相邻角毛相接。窗孔呈较大四角形或宽椭圆形。角毛上生4行或6行小刺。

　　地理分布：北温带近岸种，日本北部沿海、大西洋沿岸及南加利福尼亚沿海均有记录。在我国东海及南海海域均有分布。

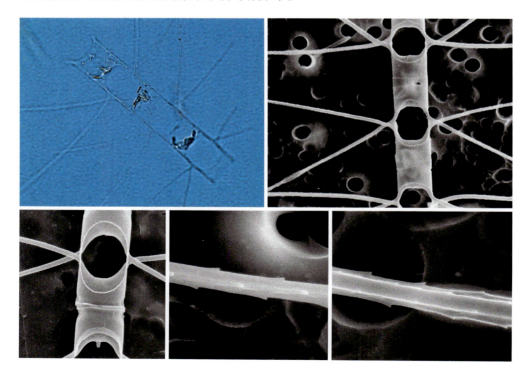

秘鲁角毛藻
Chaetoceros peruvianus Brightwell, 1856

细胞通常单个生活。宽环面观长方形,壳面长轴10～30μm,贯壳轴15～30μm,可随季节而变化。色素体多,盘状,细胞和角毛内均有分布。壳套与环带相接产生凹沟。上壳面稍隆起,下壳面稍凹陷,其中央生1个小刺。上壳面角毛自壳面的中间生出,角毛基部沿贯壳轴方向生出一段,然后向链的两侧弯曲。下壳面角毛自壳面内侧生出,之后均弯向细胞下端。角毛较粗,截面为四角形,上生有4行小刺。

地理分布: 外洋性种,高盐暖水区为多,适合在高温高盐的水域生活,世界广布,爪哇海、地中海、黑海、日本海和南加利福尼亚沿海等均有记录。我国各海域均有分布。

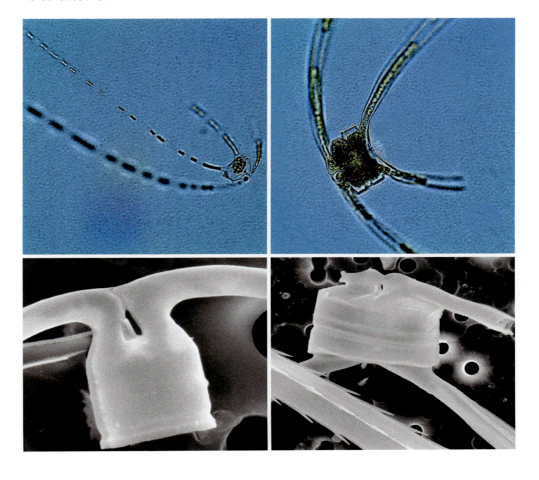

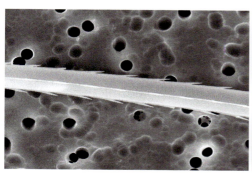
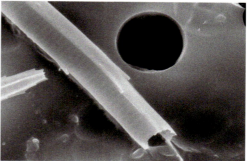

拟旋链角毛藻
Chaetoceros pseudocurvisetus Mangin, 1910

细胞常形成弯曲或螺旋状群体。宽环面观长方形，壳面长轴 8～10μm，贯壳轴大于壳面长轴。色素体 1 个。壳套与环带相接处产生凹沟。壳面稍下凹，除壳面长轴两端的突起之外，壳面边缘还有 4 个突起，分布于长轴两侧，靠近长轴两端，与相邻壳面的突起相连。窗孔椭圆形或扁长方形。角毛着生于壳面边缘，生出即与相邻角毛相接，然后弯向链凸的一侧。角毛上生有螺旋状排列的小刺。

地理分布：热带及亚热带近岸种，暖海沿岸分布广，适合在高温低盐的水域生活，世界广布种，地中海、西欧大西洋沿岸、爪哇海、日本海及陆奥湾，澳大利亚新南威尔士州沿海均有记录。我国沿海均有分布，曾在广西壮族自治区防城港附近海域发生赤潮。

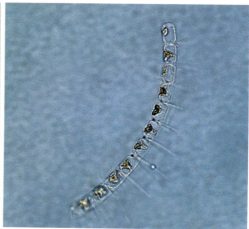

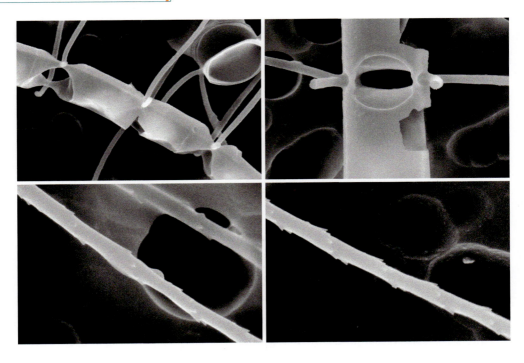

嘴状角毛藻
Chaetoceros rostratus Ralfs, 1864

　　一般由少数几个细胞组成短链。宽环面观长方形，壳面长轴7～10μm。贯壳轴大于壳面长轴，为12～20μm。色素体多，粒状，细胞和角毛内均有。壳套与环带相接处产生明显的小沟。细胞的端壳面中央有1个突起。链中细胞的壳面中央着生1个硅质管状突起，与相邻细胞的突起相互贯通。角毛着生于壳面边缘内侧，然后沿着与链轴垂直的方向伸出。角毛截面为正五边形，角毛上有5棱，每

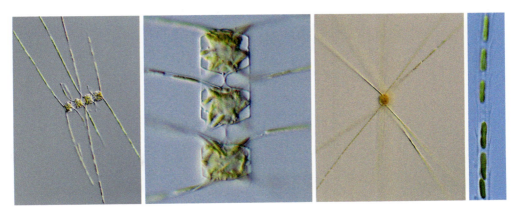

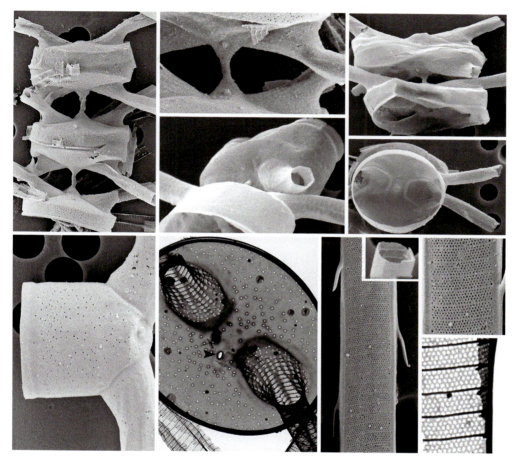

棱上生有1行不明显的小刺。

地理分布：热带浮游种。印度洋西南部、日本海均有记录。在我国东海、南海、黄渤海海域均有分布。

暹罗角毛藻
Chaetoceros siamense Ostenfeld, 1902

细胞常形成直的链状群体。宽环面观长方形，有些近似正方形，壳面长轴7～30μm。色素体2个，靠近两个壳面。壳面下凹，壳面边缘有2个凹陷。壳套与环带相接处有一小凹沟。角毛着生于壳面边缘，生出即与相邻角毛相接，平直伸出，缓慢伸向链端。窗孔椭圆形，具有2个缺刻（由壳面边缘的凹陷所致）。

地理分布： 近岸暖水种，里海、朝鲜海峡、日本沿海海域均有记录。我国各沿海均有分布，曾在河北省秦皇岛市附近海域发生赤潮。

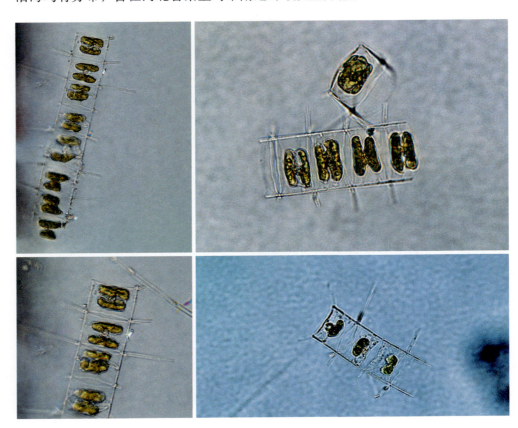

聚生角毛藻
Chaetoceros socialis Lauder, 1864

链状群体弯曲状。宽环面观四边形，壳面长轴4～10μm。色素体1个。细胞壳面光滑，稍隆起。相邻角毛生出一小段距离即相交，窗孔矩形。每个细胞上1条角毛较其他3条长，长角毛通过胶状物质粘在一起，形成松散放射状的细胞群体。其他角毛较细，上生有螺旋状排列的小刺。

地理分布： 冷水种，北温带近岸种，加利福尼亚州沿海、日本沿海、黑海等均有记录。我国渤海、黄海、东海近岸海域均有分布，曾在浙江省象山港、福建省西港及同安湾、广东省汕头市、长江口、辽宁省大连市及营口市附近海域发生赤潮。

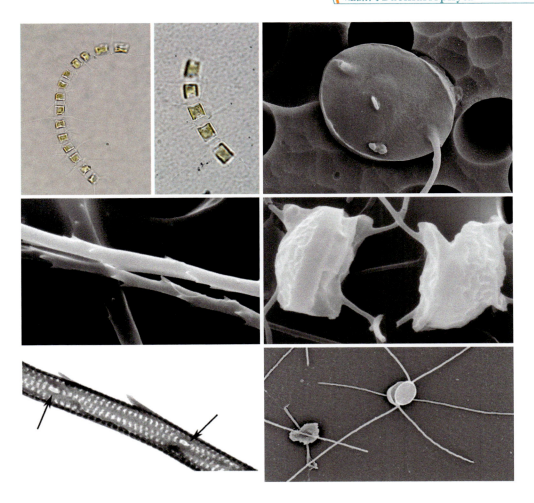

圆柱角毛藻
Chaetoceros teres Cleve, 1896

细胞常形成直的链状群体。宽环面观长方形，壳面长轴10～15μm。色体素多，盘状，分布于细胞内。壳面中央稍隆起，其上有从中央向周围辐射的条纹。角毛着生于壳面边缘，生出即与相邻角毛相接，然后平直伸出并缓慢弯向链端。窗孔长椭圆形，中部略缢缩。角毛上生螺旋状排列的小刺。休眠孢子靠近母细胞一端，初生壳凸起较高，后生壳凸起稍低，且上生长一圈小刺。

地理分布：北温带或北方近岸种，欧洲北部北冰洋到英吉利海峡、美洲北大西洋沿岸、加利福尼亚州太平洋沿岸、巴伦支海、北海、日本海、黑海均有记录。我国渤海、黄海、东海均有记录。

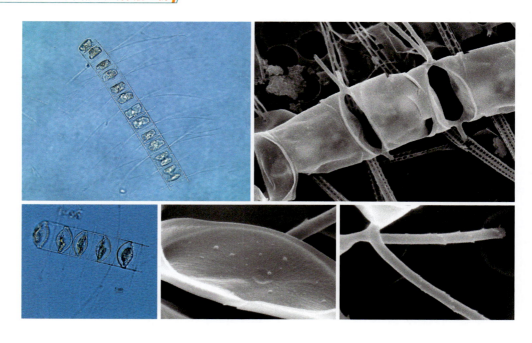

扭链角毛藻
Chaetoceros tortissimus Gran, 1900

细胞常形成弯曲的链状群体。链上细胞扭转排列。宽环面观长方形，壳面长轴15～20μm，大于贯壳轴高度。色素体1个，大片状。壳面中央稍隆起。角毛着生于壳面边缘，生出即与相邻角毛相接，然后平直伸出。窗孔较窄，呈长椭圆形。角毛上生有螺旋状排列的小刺。

地理分布： 温带近岸种，挪威沿海、北海、日本海等均有记录。在我国东海、南海、黄渤海海域均有分布。曾在福建省泉州市、浙江省象山港附近海域发生赤潮。

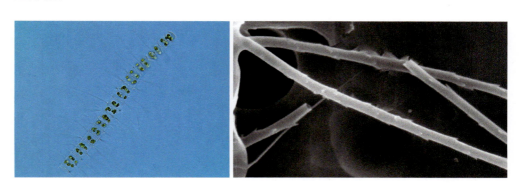

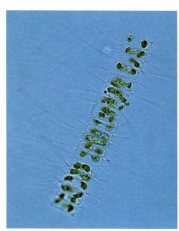
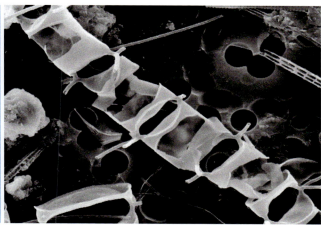

细柱藻科　Leptocylindraceae Lebour, 1930

细柱藻属　*Leptocylindrus* Cleve, 1889

细胞圆柱形，壳面圆且扁平，相邻细胞借壳面相连成细长的直链状群体。细胞表面光滑，光镜下常看不到细胞表面有花纹。色素体或2个或数目多，颗粒状。本书介绍1种。

丹麦细柱藻
Leptocylindrus danicus Cleve, 1889

细胞长圆柱形，壳面直径8～12μm，贯壳轴为壳面长轴的2～12倍。壳面圆形，扁平、略平或略凹。细胞以壳面相连组成直链，两相连细胞之间只有一层细胞壁。细胞壁薄，无花纹。色素体颗粒状，数量6～33个。

地理分布：沿岸种，分布极广。我国南海、东海和黄海均有分布，曾在广东省大亚湾、大鹏湾、珠海市、汕尾市，广西壮族自治区钦州湾，福建省泉州市，浙江省台州市、温州市、舟山市，河北省秦皇岛市，辽宁省营口市、大连市、葫芦岛，天津市附近海域发生赤潮。

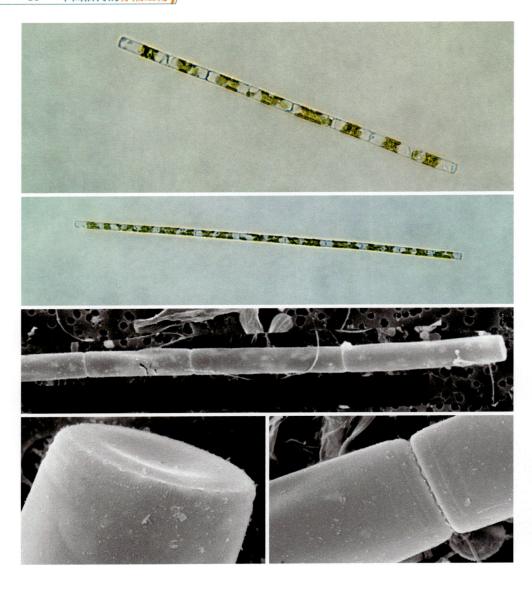

骨条藻科 Skeletonemaceae Lebour, 1930

骨条藻属 *Skeletonema* Greville, 1865

本属的特征基本同本科的特征。细胞凸透镜形、纽扣形或圆柱形。细胞借支持突外管连接成链状群体。支持突的长度、数量为属内种间区别的依据。本书介绍3种。

中肋骨条藻
Skeletonema costatum (Cleve) Zingone & Sarno, 2005

　　细胞透镜形或短圆柱形，壳面圆而鼓起，着生一圈支持突，支持突外管细长，与邻细胞的对应支持突外管组成连接结构。电镜下可观察到链中支持突的外管完全闭合，相邻细胞间支持突的连接方式为1∶2，即1根支持突外管与相邻细胞的2根外管相连接，呈锯齿形或"Z"形结构。唇形突外管末端未闭合，参与链中连接结构。

　　地理分布： 广温广盐性代表种类，分布极广，以沿岸为最多。我国各海区均有分布，曾在广东沿海、海南省三亚市、浙江省、福建省、江苏省海州湾、辽宁省、山东省、天津市、河北省附近海域发生赤潮。

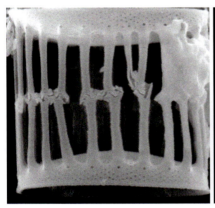
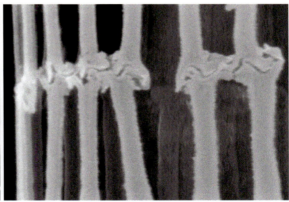

敏盐骨条藻
Skeletonema subsalsum (Cleve) Bethge, 1928

　　壳面直径4～8μm。细胞间距离变化大，距离较近的细胞壳面平，距离较远的壳面凸起或呈圆形。电镜下可以观察到链端支持突外管部分闭合，基部有1个外孔，末端呈钩状。链中支持突外管干裂或部分开裂，以1∶1或1∶2的连接方式紧密连接。

　　地理分布： 近岸分布，尤其是河口和半咸水水域在我国东海海域有分布。

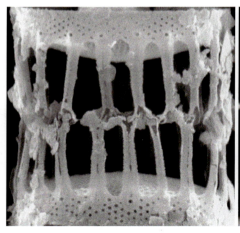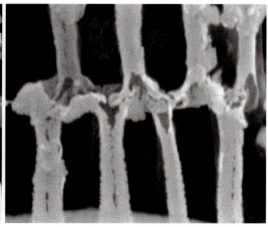

热带骨条藻
Skeletonema tropicum Cleve, 1900

　　细胞透镜形，宽而扁，壁薄。细胞之间借支持突连接成长链状群体。壳面圆形，微凸，壳面直径23μm左右，壳套低，壳面边缘生一圈（30根左右）中空的细管状支持突，邻细胞的支持突一般在两细胞间的等距离处连接，连接结明

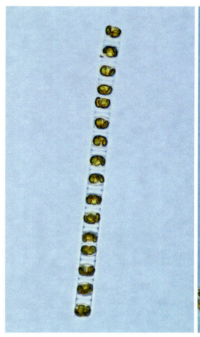

显，光镜下可见；电镜下可观察到支持突外管完全裂开，或棒状部分纵向裂开，在外管基部形成狭长的裂口。链中支持突大多1：1，呈关节状连接；少数是1：2，呈"Z"形连接。链端支持突末端呈爪状，壳面可见一链末唇形突，位于壳面中央至壳缘的一半处，形如长的喇叭状外管。每个细胞中有许多小颗粒状的色素体。

地理分布：热带性种，主要分布在热带和亚热带海域。在我国东海、南海、黄渤海海域均有分布。

海链藻科　Thalassiosiraceae Lebour, 1930

海链藻属　*Thalassiosira* Cleve, 1873

细胞圆形或近圆形，由胶质丝柱连成群体生活或单独生活。壳面孔纹六角形或多角形，呈直线状、辐射状、束状、辐射螺旋状、离心状或不规则排列。壳面具有多个支持突和唇形突，唇形突常1个，少数种类有2个。支持突一般位于壳面中心或在壳缘成一圈，唇形突一般位于壳缘，也有近中心的。支持突和唇形突都具有外管或内管。本书介绍32种1变种。

夏季海链藻
Thalassiosira aestivalis Gran & Angst, 1931

　　细胞壳面圆形，直径17.6~26.1μm。壳面孔纹束状排列，密度为10μm内14~18个，靠近壳面边缘处孔纹变小，密度为10μm内20个以上。1个中央支持突与1个或多个较大的中央孔纹相邻，基部有5个围孔。距离壳缘2~3个孔纹处有一圈支持突，密度为10μm内约4个，基部有4个围孔，壳缘支持突具双层外管，外层外管末端略膨大。一个壳缘唇形突位于一圈壳缘支持突之间，占据一个支持突的位置，唇形突外管末端膨大成喇叭状。

　　地理分布：曾记录于美国西北部沿海、北大西洋、印度洋、南太平洋及北海附近海域。

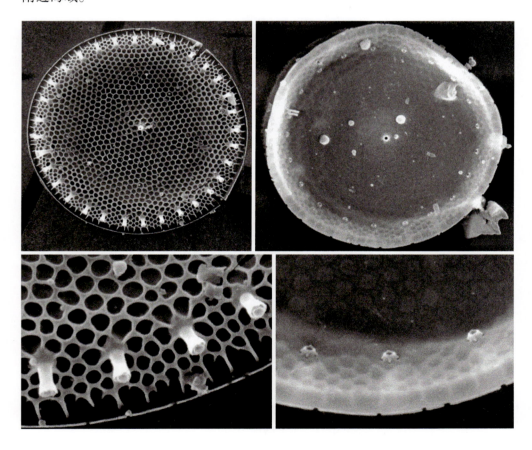

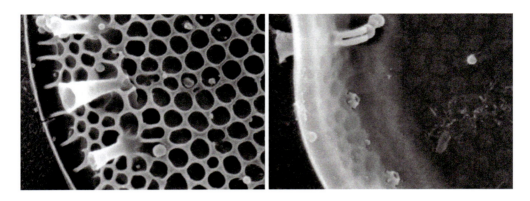

艾伦海链藻
Thalassiosira allenii Takano, 1965

细胞黄褐色，内含许多颗粒状色素体。细胞通过中央胶质丝形成链状群体。壳面圆形，直径6.6～20.7μm，壳套窄，环面观八角形。壳面孔纹辐射状或束状排列，密度为10μm内20～30个，近壳套处孔纹较小，10μm内约40个。一个中央支持突与壳面中央一个较大的孔纹紧密相邻，基部有3～4个围孔。一圈壳缘支持突，密度为10μm内6～7个，基部有4个围孔。一个壳缘唇形突位于两个壳缘支持突正中间，唇形突外管较壳缘支持突外管长。

地理分布： 常见温带沿岸种，首次记录于日本海，在亚得里亚海、墨西哥湾、夏威夷和澳大利亚海域也有报道。我国曾记录于胶州湾、厦门港、大亚湾和香港等海域。

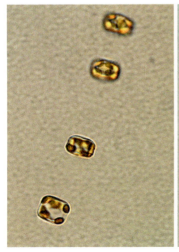

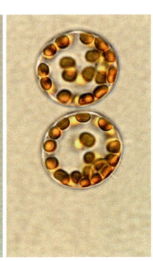

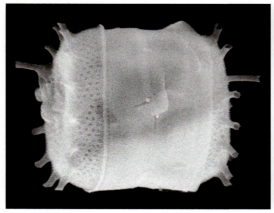
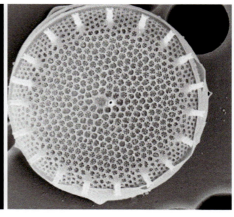

棱角海链藻
Thalassiosira angulata (Gregory) Hasle, 1978

　　细胞单独生活或形成短链群体。细胞环面观四边形，四角略圆。壳面圆形，平，直径6.6～16μm。壳套有2～3排孔纹。壳面孔纹偏心状至束状排列，孔纹粗糙，形似颗粒。孔纹在壳面1/2处较大。一个中央支持突常与一个较大的中央孔纹相邻，基部有3～4个围孔，一圈支持突位于壳套，相邻支持突相距大约4μm，基部4个围孔，壳缘支持突具双层外管，末端粗而明显。一个壳缘唇形突位于一圈壳缘支持突的内侧，紧密靠近其中一个支持突，唇形突具单层外管。

　　地理分布：主要分布在大西洋北海海域。在我国东海及南海海域均有分布。

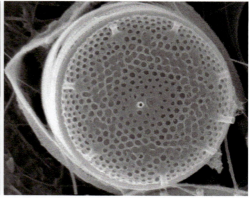

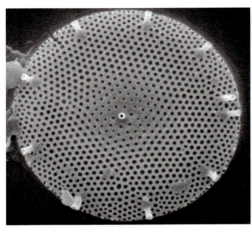
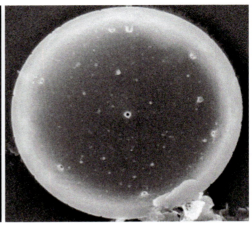

成对海链藻

Thalassiosira binata Fryxell, 1977

　　细胞通过中央胶质丝形成链状群体，细胞间距宽，小盘状色素体位于细胞边缘。壳套有4～5排孔纹。细胞壳环面观呈圆角的四边形。壳面圆形，中央凹，直径10.3～15μm，贯壳轴大约是直径的一半。壳面孔纹小，辐射状排列，10μm内30～40个。壳面中央有一个较大的中央孔纹，一个支持突与之相邻，基部3个围孔。壳面边缘有一圈具长外管的壳缘支持突，基部3个围孔，相邻支持突相距3～4μm。一个具长外管的壳缘唇形突与一个壳缘支持突相靠近而成为一对，这是本种的区别特征。

　　地理分布：温带至亚热带广盐、广布种，首次记录于墨西哥湾、大西洋、孟加拉湾。在我国东海、南海、黄渤海海域均有分布。

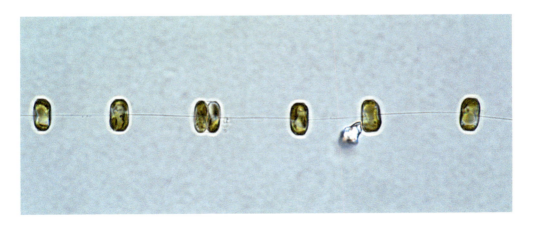

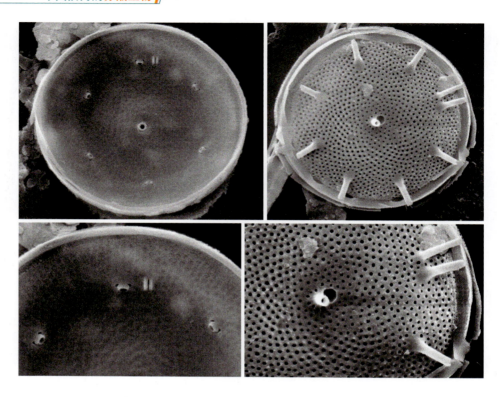

有翼海链藻
Thalassiosira bipartita (Rattray) Hellegraeff, 1992

　　细胞单独生活。壳面圆形，直径24.9～70.9μm，壳环带有数片胶质翼状膜。壳面较平，壳套窄。孔纹偏心状至直线状排列，中央区域孔纹较大，密度是10μm内大约4个，边缘较小，密度是10μm内6～10个，壳面中央有一个中央孔纹，周围环绕着6个孔纹。一个中央支持突与一个中央孔纹相邻，本种最重要的区别特征是壳面边缘有一圈明显的、高约3μm的肋纹，密度为10μm内10～14条，两圈不规则排列的壳缘支持突位于肋纹上，壳缘支持突内壳面排成一圈，密度为10μm内4～5个。两个壳缘唇形突外管长且粗，但内壳面小，两者相距150°～180°。

　　地理分布：浅海暖水种，分布较广，在爪哇海、新加坡、阿拉伯海、泰国海湾、卡奔塔利亚湾、咸海、科科群岛、日本南部等沿海海域均有记录。在我国南海海域有分布。

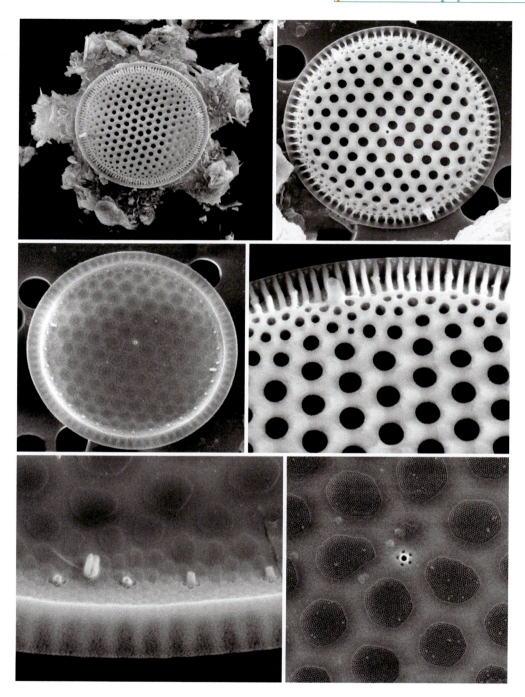

西达礁海链藻
Thalassiosira cedarkeyensis Prasad, 1993

细胞圆筒状，单独生活。壳面圆形，有起伏，直径8.8～11μm，贯壳轴长于直径。藻体硅质壁厚。壳面孔纹较小，呈放射状或束状排列，大约10μm内12～14个，靠近壳缘处孔纹硅质增厚。壳套最边缘有一圈排列整齐的长方形孔纹。一个中央支持突位于壳面偏心位置，基部3个围孔。一圈壳缘支持突，外管短，密度为10μm内4～6个，基部4个围孔。一个唇形突位于两个壳缘支持突中间，外管长。与唇形突同侧的一侧壳缘有闭合突，闭合突外管小，刺状，密度为10μm内6～10个。

地理分布： 首次记录于墨西哥湾东北部佛罗里达州沿海锡达基。我国香港海域有分布。

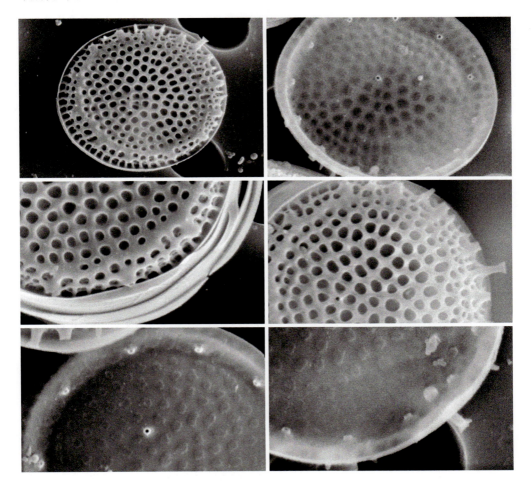

缢缩海链藻
Thalassiosira constricta Gaarder, 1938

细胞硅质化弱，壳面圆形，略有起伏，中部略凹，壳缘隆起，直径16.1～19.3μm。壳面分布着辐射状排列的肋纹，仅在壳缘分布有孔纹。壳面中央有一束（7～10个）紧密排列的中央支持突，基部3～4个围孔。一圈壳缘支持突，密度为10μm内3～4个，基部4个围孔，壳缘支持突内管略长于外管。一个壳缘小唇形突位于两个壳缘支持突正中间。

地理分布：寒带至寒温带种类，曾记录于挪威奥斯陆峡湾内湾、挪威北部海湾和苏格兰克雷兰海湾及北海附近海域。我国胶州湾有分布。

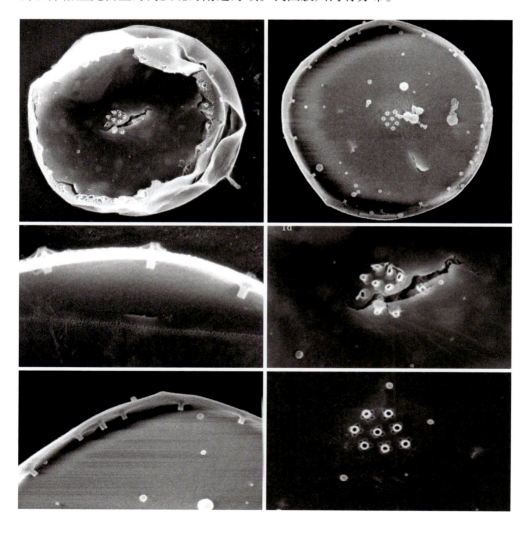

旋转海链藻
Thalassiosira curviseriata Takano, 1983

细胞依靠中央支持突分泌的胶质丝相连成螺旋状群体。壳面圆形或略椭圆形，平，中央略凹，直径11.7～16μm，贯壳轴通常小于壳面直径。壳面孔纹为不规则的五边形或六边形，并以中央支持突为中心，辐射状排列，密度为每微米2～3个，孔纹从中央向边缘逐渐缩小。偏心位置有1～3个中央支持突，通常为2个，与1个中央大孔纹相邻，基部2～3个围孔。一圈壳缘支持突，具双层外管，外层膨大似裙摆，基部4个围孔，相邻支持突相距大约5μm。一个壳缘唇形突位于一圈壳缘支持突内侧，并与其中一个支持突紧密相邻，唇形突外管单层，长，基部窄，末端开口较大。

地理分布： 河口半咸水生活，首次记录于日本沿岸河口海域，是日本沿岸海域较常见的赤潮种，同时在澳大利亚也有发现。我国曾记录于胶州湾、长江口海域、厦门港海域、大亚湾。

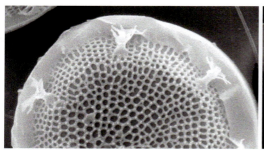
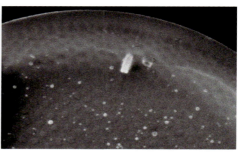

双环海链藻
Thalassiosira diporocyclus Hasle, 1972

　　常由多数细胞包埋在胶质物中，形或球形、卵形或不定形的群体。壳面常略凸起，直径17.0～24.2μm，贯壳轴高度与细胞直径接近。壳面孔纹束状排列，密度为10μm内25～30个。一个中央支持突与一个中央孔纹相邻。一圈壳缘支持突，密度为10μm内3～5个。本种的典型壳面特征是，在距壳缘约1/3处有一圈规则或不规则排列的支持突，也称为亚中央支持突。一个唇形突位于一圈壳缘支持突之间，支持突及唇形突均无外管，支持突具有短内管。

　　地理分布：常见温带沿岸种，在大西洋、印度洋，澳大利亚海域、北海等海域均有记录，在日本沿岸常形成赤潮。在我国东海、南海、黄渤海海域均有分布。曾在广东省汕头市附近海域发生赤潮。

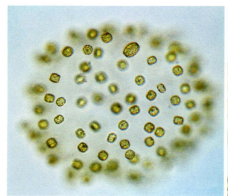
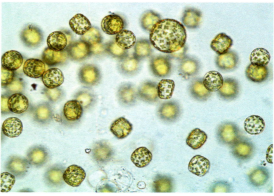

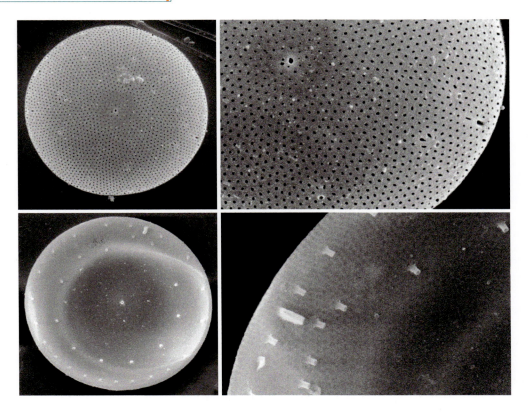

双线海链藻
Thalassiosira duostra **Pienaar, 1990**

细胞单独生活。细胞壳面圆形，平或略有起伏，直径13.5～21.1μm（Pienaar and Pieterse，1990：10.3～25.7μm）。壳面孔纹束状排列，中央区域密度为5μm内9～11个，靠近壳缘处孔纹较小，密度为5μm内大约14个。一圈壳缘支持突，外管短，基部有4个围孔，排列紧密，每两个支持突相距约3个孔纹。有2～3个唇形突位于两个壳缘支持突之间。没有中央支持突，壳面上有3～5个支持突，位于壳面中心至壳缘的一半处，基部有3～4个围孔。本种壳面支持突的位置多变，但均位于壳面中央至壳缘的一半处，且每簇或每个支持突都与一个较大的孔纹相邻。

地理分布：沿海浮游生活，首次记录于南非瓦尔河。我国曾记录于福建省厦门港海域。

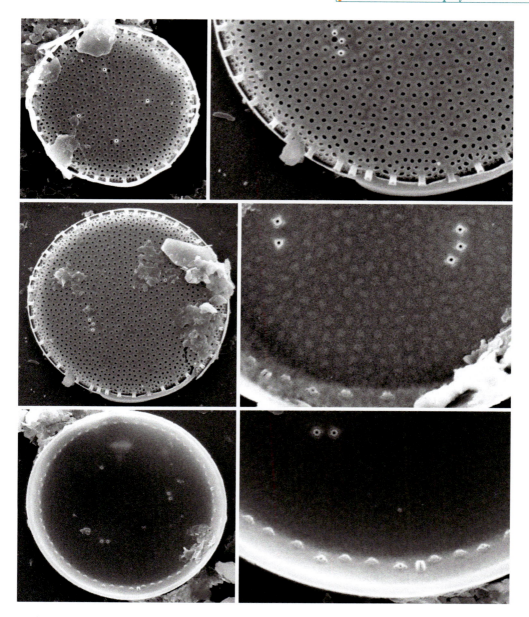

偏心海链藻
Thalassiosira eccentrica (Ehrenberg) Cleve, 1904

细胞单独生活。壳面圆形，较平，直径23.5～48.8μm。壳面孔纹在光镜下清晰可见，其排列方式有3种：偏心、线形和束状，靠近壳面中央的孔纹密度为

10μm内5～8个，壳缘处为10μm内7～9个。一个中央支持突与一个中央孔纹相邻，中央孔纹周围环绕着6～7个孔纹，两圈不规则排列的壳缘支持突，密度为10μm内4～5个，壳面孔纹与孔纹之间散布着很多支持突。一个壳缘唇形突，壳套处具有一些不规则排列的硅质刺，密度为10μm内5～7个。

地理分布：主要分布在热带和温带海域，太平洋、大西洋和印度洋沿岸均常见。在我国东海、南海、黄渤海海域均有分布。

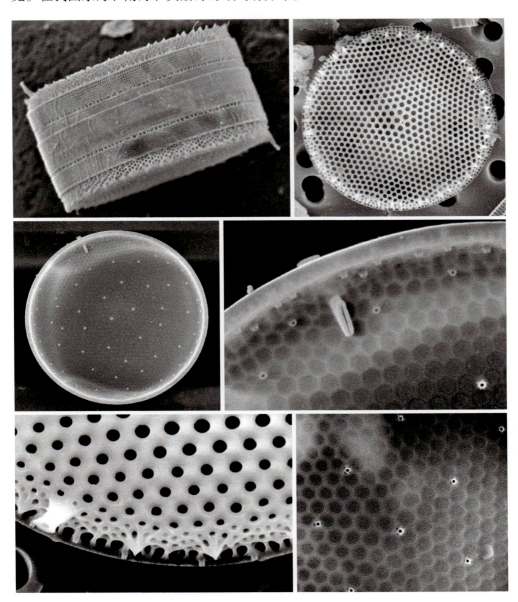

微小海链藻
Thalassiosira exigua Fryxell & Hasle, 1977

　　壳面圆形，直径 4.8～10.4μm。壳面孔纹六角形，直线排列，密度为 10μm 内24～30 个，靠近壳缘处孔纹较小，密度为 10μm 内 35～40 个。壳面中央有一个中央支持突位于一个中央大孔纹里面，基部 3 个围孔，部分样品可看到中央大孔纹外面覆盖着一层网状物，仅在中央留一个小口。一圈壳缘支持突，外管被硅质层覆盖，形似楔状物，基部有 4 个围孔。一个唇形突位于两个壳缘支持突的中间。

　　地理分布：主要分布于热带到亚热带海域，曾记录于北卡罗来纳近海、西非近海、墨西哥湾、加利福尼亚湾和巴拿马湾。我国记录于厦门港、大亚湾等海域。

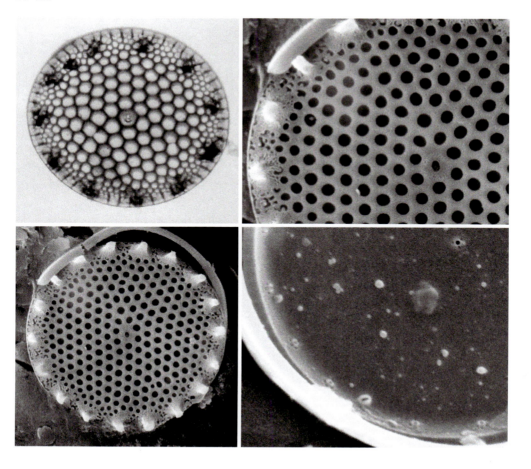

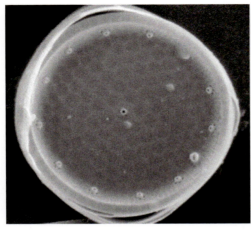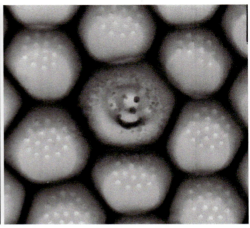

脆弱海链藻
Thalassiosira fragilis Fryxell, 1984

　　细胞鼓状，壳面圆形，硅质壁薄，直径29～37μm。壳面孔纹小，束状排列，密度为10μm内40～50个。一个中央支持突，细胞壳面1/2处有4个支持突（Fryxell et al., 1984：3～5个，通常为4个）。一圈壳缘支持突，密度10μm内3～4个，基部有4个围孔。两个壳缘唇形突，相距90°～170°。支持突及唇形突在外壳面均看不到外管。

　　地理分布：亚热带温水种，首次记录于北大西洋。我国记录于浙江省沿海海域。

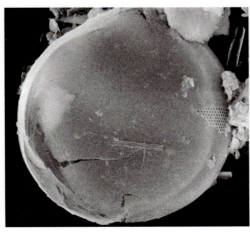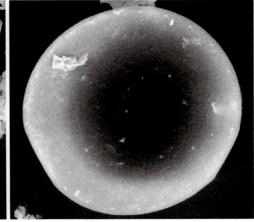

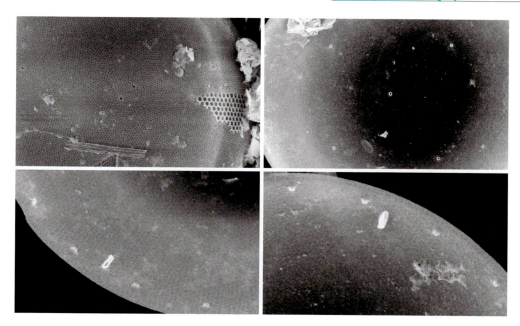

圆海链藻
Thalassiosira gravida Cleve, 1896

细胞通过中央胶质丝形成长链群体，细胞间距大。细胞环面观扁长方形，四角略圆。壳面中部略凹，直径24.8~40.9μm，贯壳轴小于或约等于细胞直径的一半。壳面分布有辐射状排列的肋纹，仅壳缘处有2~3排孔纹。壳面中央有若干中央支持突紧密排列组成的束状结构，细胞间就是借助这种束状结构伸出的胶质丝相连成群体。壳面不规则散布着许多支持突，近壳缘处支持突密度高。一个唇形突，外管长，呈喇叭状开口。

地理分布： 海水浮游生活，分布广泛，在日本、北海附近海域及美国金门海峡等地都有分布。在我国东海、南海、黄渤海海域均有分布。曾在广东省大鹏湾、汕头市，福建省三沙湾、福州市，山东省威海市，浙江省舟山市，长江口外海域，渤海湾北部，天津市附近海域引发过赤潮。

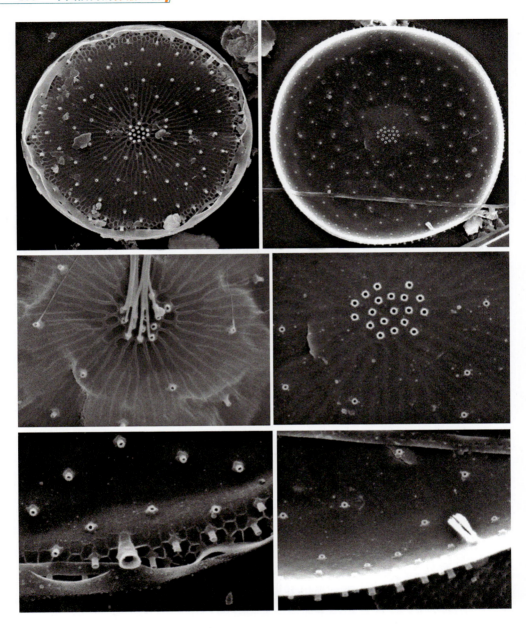

亨氏海链藻
Thalassiosira hendeyi Hasle & Fryxell, 1977

　　细胞单独生活，或形成两个细胞的短链。壳面圆形，中央略凹，直径 36～54μm，贯壳轴小于壳面直径。壳面孔纹六角形，直线排列或略呈偏心状排列，密度10μm内5～6个，近壳缘处为10μm内8～10个。1～3个中央支持突位于筛孔之间的壁上，基部较高，有4～5个围孔。两圈排列不规则的壳缘支持突，密度10μm内5～6个，基部有4个围孔。壳面边缘有肋纹，几乎与壳面垂直，密度为10μm内9～10个。两个壳缘唇形突，具长外管，两者之间的距离变化较大，为90°～180°。环带较宽，环带上的孔纹清晰可见，密度为10μm内约10个。

地理分布：温带、亚热带广布种，记录于非洲西部沿海、墨西哥湾、旧金山湾，在北海附近海域也有发现。我国记录于香港海域。

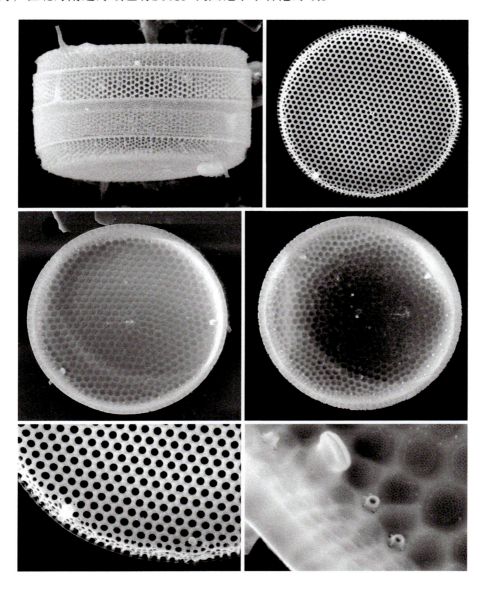

库希海链藻
Thalassiosira kushirensis Takano, 1985

　　细胞单独生活。壳面圆形，直径20.9~21.3μm。壳面孔纹辐射状排列，10μm内15~25个，在近壳缘处较密。一圈壳缘支持突，密度为10μm内7~8个，支持突具短外管。无中央支持突。在壳面中心与壳缘1/2处分布有6~7个支持突。一个唇形突位于一圈壳缘支持突之间，占据一个支持突的位置。

　　地理分布：首次记录于日本近海海域。我国记录于厦门港、香港龙珠岛海域。

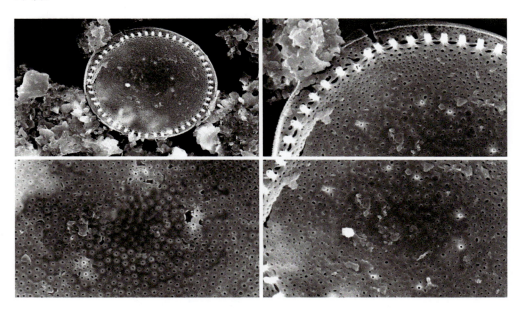

平滑海链藻
Thalassiosira laevis Gao & Cheng, 1992

　　壳面圆形，直径2.5~10.1μm。细胞壳面只在壳缘部分有2~3圈孔纹，且孔纹很小，密度为1μm内5~8个，向内是无纹区或只有模糊的条纹，无纹区占据壳面大部分。一个中央支持突，基部有2个围孔。一圈壳缘支持突，基部有3个围孔。一个壳缘唇形突位于两个壳缘支持突之间，略靠近其中一个。

　　地理分布：曾记录于英国泰晤士河和其他沿岸与河口海域。在我国东海及南海海域均有分布。

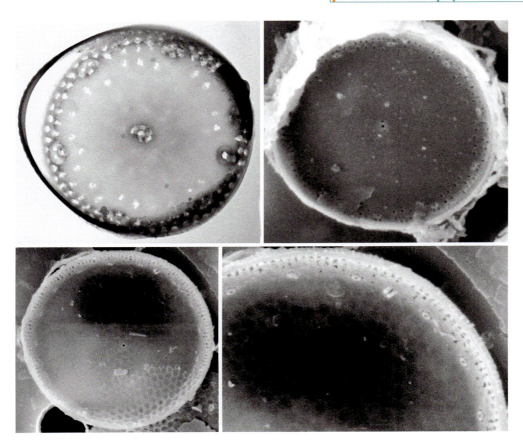

线形海链藻
Thalassiosira lineata Jouse, 1968

　　细胞单独生活。壳面圆形，平，直径10.7～35.3μm。壳套窄。壳面孔纹六边形，直线形排列，密度为10μm内10～16个。壳面散布着一些支持突，每个支持突占据一个孔纹的位置，基部有2个围孔，壳面中央没有特定的中央支持突。一圈壳缘支持突靠近壳面的边缘，密度为10μm内5～6个。一个唇形突位于两个壳缘支持突之间。支持突及唇形突均看不到外管。

　　地理分布：主要分布在热带和亚热带海域，在太平洋海域较常见，在日本洞海湾、相模湾及津轻海峡也有记录。在我国东海及南海海域均有分布。

伦德海链藻
Thalassiosira lundiana Fryxell, 1975

细胞单独生活或形成2～4个细胞的短链。细胞中央凸起，壳面圆形，直径17.2～31μm。壳面孔纹小，辐射状或束状排列，密度为10μm内20～30个。壳面中央有1个，偶见2个中央支持突。一圈壳缘支持突，外管较短，密度为10μm内8～11个，壳面散布若干支持突，成"Z"形排列。一圈壳缘闭合突位于一圈壳缘支持突内侧，闭合突具长外管，在光镜下清晰可见，外管延伸方向与贯壳轴平行。一个唇形突位于一圈闭合突之间，它们在外形上相似，但唇形突的外管末端在粗细程度上变化不大，而闭合突外管向末端方向逐渐变细。

地理分布：暖水种，首次发现于墨西哥湾，在日本东京湾也常能采到。在我国东海、南海、黄渤海海域均有分布。

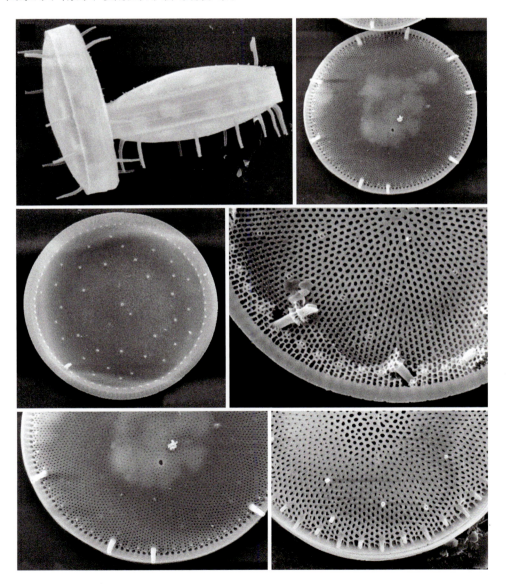

萎软海链藻
Thalassiosira mala Takano, 1965

常由多个细胞包埋于胶质块中，形成不定形的群体。细胞较小，壳面平坦，硅质化弱，直径4.3～7.5μm。壳面孔纹辐射状或螺旋状排列，孔纹大小从中央向边缘逐渐变小。一圈壳缘支持突，基部4个围孔。一个唇形突位于两个壳缘支持突之间。一个偏心位置支持突，位于壳缘唇形突和壳面中心连线的近1/2处，基部有3～4个围孔。支持突和唇形突均无外管，但具有极短的内管。

地理分布：沿岸暖水种，浮游生活，分布广泛。Takano于1965年首次发现于日本东京湾的一次赤潮中。此外还分布于日本陆奥湾、澳大利亚、墨西哥湾。在我国东海及南海海域均有分布。

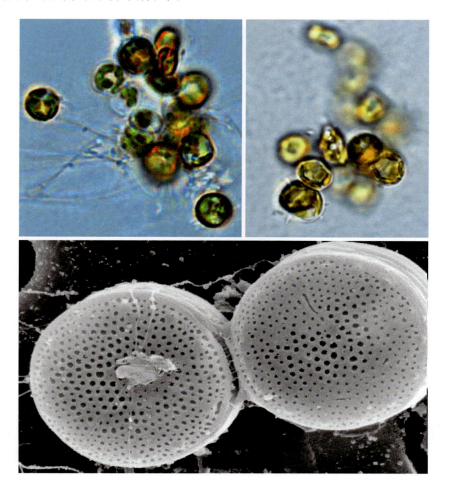

极小海链藻
Thalassiosira minima Gaarder, 1951

　　细胞依靠壳面中央支持突分泌的胶质丝连成链状群体。壳面圆形，中央略凹，直径7.1～14μm。壳面孔纹为不规则的六角形，辐射状排列，中央较大，10μm内有30～40个，边缘较小，10μm内有40～50个。壳面中央多为2个中央支持突，极少数3个，基部有3～4个围孔。一圈壳缘支持突，相邻两个支持突相距大约2μm，具短外管，基部有4个围孔。外壳面上，靠近每个壳缘支持突内侧有一个嵴状突起。一个唇形突位于两个支持突之间，较靠近其中一个，唇形突具长的外管，开口似喇叭状。

　　地理分布：世界分布种，日本、北海、美国和智利海域及南非南部沿岸都有分布。我国曾记录于胶州湾、长江口、厦门港、大亚湾和香港等海域。

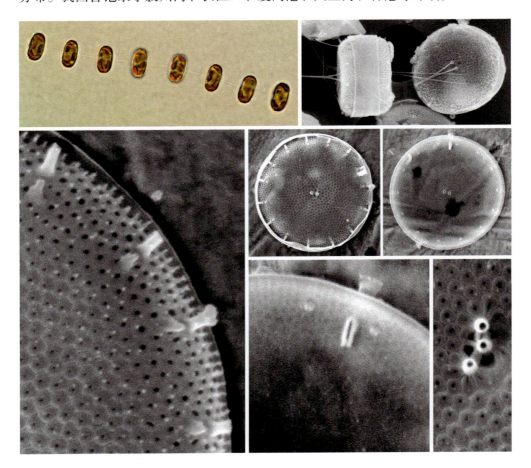

小字海链藻
Thalassiosira minuscula Krasske, 1941

细胞环面观盒形。壳面中央略鼓起，直径11.5～27.2μm，壳面直径长于贯壳轴。壳面孔纹小，束状排列，密度为10μm内36～42个。一个中央支持突，一圈壳缘支持突，密度为10μm内6～7个，所有支持突基部都有4个围孔，且都无外管。一个具长外管的壳缘唇形突位于距离壳缘支持突向内一段距离的地方，唇形突旁边有1～2个支持突。

地理分布： 首次记录于葡萄牙，在南太平洋秘鲁和智利海域及澳大利亚、墨西哥湾、北海附近海域也有分布。我国曾记录于厦门、香港、大亚湾、长江口海域。

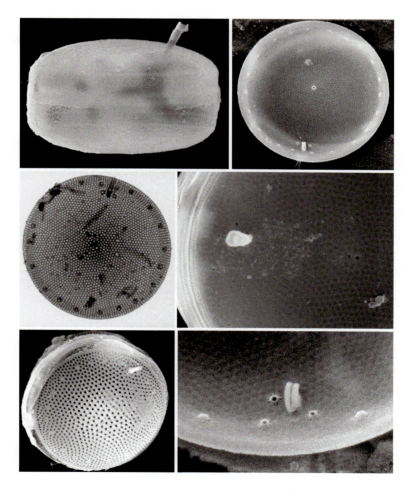

微线形海链藻
Thalassiosira nanolineata (Mann) Fryxell & Hasle, 1977

　　壳面圆形，中央略凸，直径18.8～41.4μm。壳面孔纹六边形，直线排列，壳面中央处孔纹略大，密度为10μm内6～7个，壳面边缘的孔纹密度10μm内7～8个。壳面最外缘有肋纹，密度为10μm内10～12条。0～4个中央支持突位于筛孔壁上，基部3个围孔，中央支持突外壳面无外管，仅小圆孔状开口。一圈壳缘支持突，密度为10μm内5～6个，基部4个围孔，壳缘支持突外管末端膨大成喇叭状。一个唇形突位于两个壳缘支持突之间，略靠近其中一个。

　　地理分布：暖水种，分布于菲律宾群岛沿海海域、墨西哥湾及巴西等地。我国曾记录于南海海域。

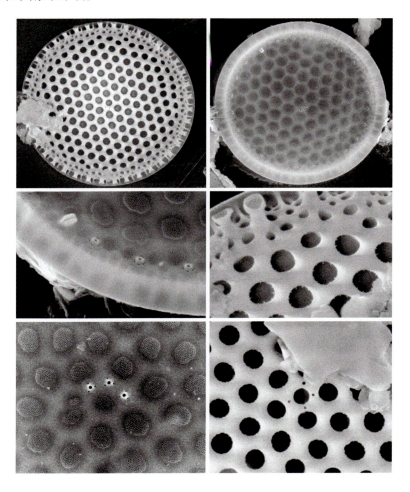

结节海链藻
Thalassiosira nodulolineata (Hendey) Hasle & Fryxell, 1977

细胞壳面圆形，平，直径35.8～46.0μm。壳面孔纹六边形，直线状排列，壳面中央处孔纹较大，密度为10μm内5个，壳面边缘的孔纹密度为10μm内6～7个。6个中央支持突位于中央孔纹壁上，呈一圈排列，基部有4个围孔，中央孔纹周围围绕着6个对称的孔纹。一圈壳缘支持突靠近壳面的边缘，密度为10μm内4～5个，基部有4个围孔。距离壳缘支持突向内一段距离的地方有一个唇形突。

地理分布：沿海浮游生活，海洋冷水种，记录于美国旧金山湾及附近海域。我国曾记录于香港海域。

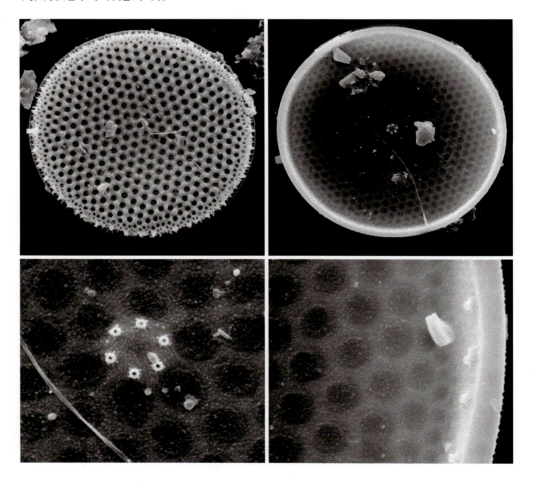

厄氏海链藻范氏变种
Thalassiosira oestrupii var. *venrickae* (Ostenfeld) Fryxell & Hasle, 1980

　　细胞通过中央支持突分泌的胶质丝连成链状群体。壳面圆形，较平，直径8.3～38.3μm。壳面孔纹切线状排列，靠近中央处的密度为10μm内6～10个，壳缘处为10μm内7～14个。一个支持突位于壳面近中央处，一圈壳缘支持突，相邻支持突相距3～7μm。一个唇形突位于亚中央的位置，与中央支持突相距2～3个孔纹。所有突起均无外管，外壳面仅有圆孔状开口，支持突内管长，基部被3个叶片状突起包围着。

　　地理分布：世界分布种，常见于热带和亚热带的大陆架及河口海域。我国曾记录于长江口、香港、大亚湾等海域。

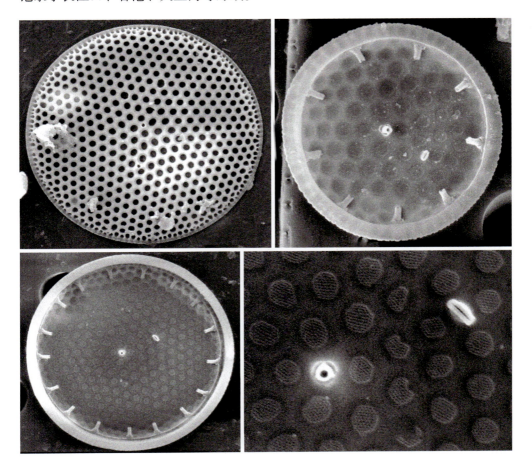

假微型海链藻
Thalassiosira pseudonana Hasle & Heimdal, 1970

细胞单独生活。壳面硅质化弱，圆形，直径3.9～5.7μm。壳面孔纹多边形，呈辐射状排列，从中央向边缘逐渐变小，中央区域密度为10μm内30～35个，边缘区域密度为10μm内40～55个。有些标本壳面花纹为不规则的放射状肋纹，没有横切肋，没有规则的孔纹。0～1个中央支持突，基部有2～3个围孔。一圈壳缘支持突，基部有4个围孔，所有支持突外管短。一个壳缘唇形突位于两个壳缘支持突的正中间，唇形突外管较长。

地理分布： 沿海浮游生活，沿岸广布种，分布于威悉河、那不勒斯湾、马马亚湾、马尾藻海、澳大利亚、日本海，在英国一些河流里也有发现。在我国东海及南海海域均有分布。

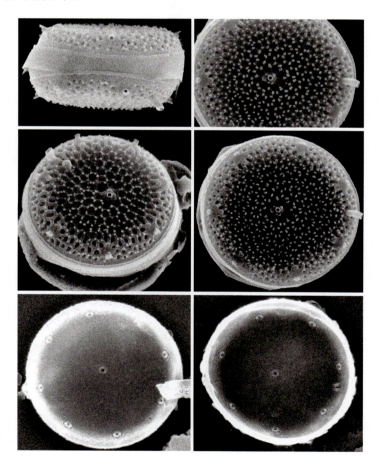

细孔海链藻
Thalassiosira punctigera (Castracane) Hasle, 1983

　　细胞环面观盒形。壳面圆形，中央略鼓起，直径38.1～79.1μm。壳面孔纹辐射状排列，10μm内14～20个。一个中央支持突，偶见两个，没有外管。一圈壳缘支持突，密度为10μm内3～5个，壳缘支持突外管结构特别，形似郁金香的蓓蕾。中央支持突及壳缘支持突的基部都有4个围孔。有些壳面具有闭合突，闭合突外管的末端收窄，一个唇形突位于一圈闭合突之间，两者很相似，但唇形突外管末端开口较大，不收窄。

　　地理分布：沿海浮游生活，温水至暖水种，分布广泛，在太平洋、大西洋均有记录。在我国东海、南海、黄渤海海域均有分布。

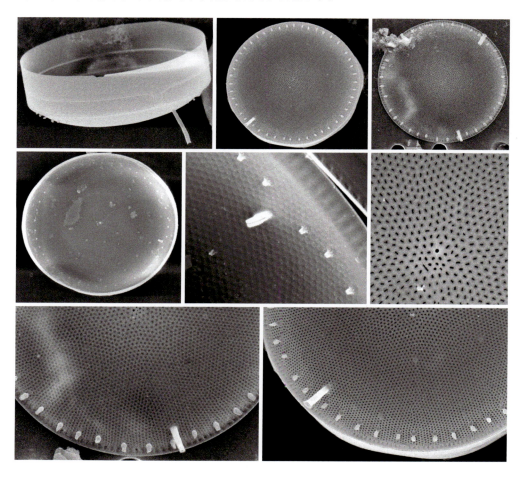

细弱海链藻
Thalassiosira subtilis (Ostenfeld) Gran, 1900

细胞包埋在不规则胶质块中。壳面圆形，中央鼓起，直径17.2～35.5μm。贯壳轴通常与细胞直径等长。壳面孔纹小，束状排列，密度为10μm内25～35个。一个中央支持突，一圈壳缘支持突，壳面还散布着一些支持突，约排列成两环。所有支持突均无外管，具短的内管，基部有4个围孔。一个唇形突距离壳缘一段距离，通常位于第二圈支持突。

地理分布：海水浮游生活，大洋广布种，广泛分布于太平洋、印度洋和北大西洋。在我国东海、南海、黄渤海海域均有分布。曾在广东省大鹏湾，海南省海口市、三亚市，福建省沿岸发生赤潮。

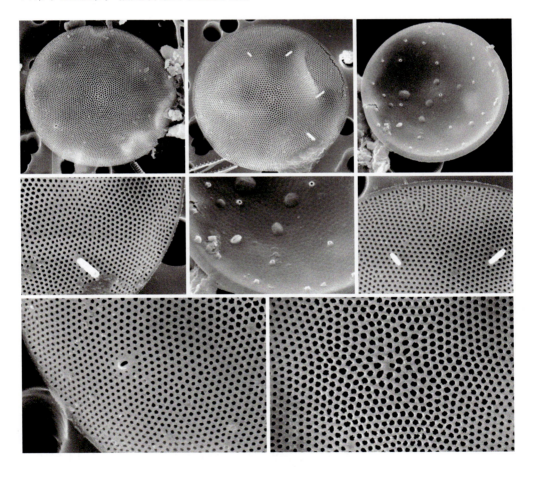

裙带海链藻
Thalassiosira tealata Takano, 1980

壳面圆形或近圆形,中部略凹,直径6.2~7.9μm。壳面孔纹放射状或束状排列,密度为10μm内30~40个,壳面中央的孔纹略大。一个中央支持突与一个中央孔纹相邻,基部有2~3个围孔。距离壳缘2~3排孔纹处有一圈支持突,基部4个围孔,每个支持突的外管末端分开,向两侧伸展,与壳缘几乎平行,构成"T"形,类似裙摆,相邻支持突外管的延伸几乎相互连接,围绕壳缘一周。一个唇形突位于两个壳缘支持突之间,并靠近其中一个,唇形突外管末端不分开,没有类似裙摆的结构。

地理分布:海水浮游生活,沿岸暖水种,首次记录于日本Tachibana Ura。我国曾记录于长江口、厦门港、大亚湾和香港海域。

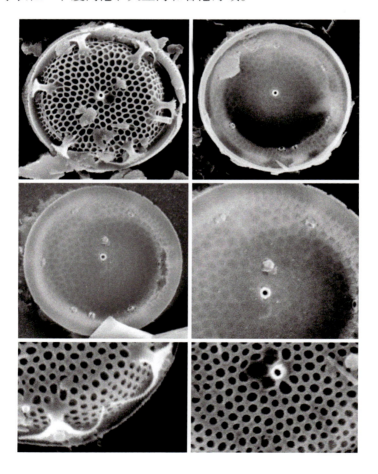

柔弱海链藻
Thalassiosira tenera Proschkina-Lavrenko, 1961

　　壳面圆形，平，直径为10.5～26.7μm。孔纹六角形，直线排列，密度为10μm内6～14个，壳缘孔纹很小，密度为10μm内40～50个。一个小中央支持突位于壳面中央一个大孔纹里面，基部有4～5个围孔，部分样品可看到中央大孔纹上面覆盖着一层硅质膜，中央支持突则藏于里面。一圈壳缘支持突，基部有4个围孔，壳缘支持突外面也覆盖着一层硅质膜，这一层膜形成一个楔形物与每个支持突相连，使得壳缘呈波浪状。一个唇形突位于两个壳缘支持突之间，略靠近其中一个。

　　地理分布：海水浮游生活，淡水中也有，世界分布种，在日本、菲律宾、美国、英国、挪威、希腊、澳大利亚等地都有发现。在我国东海及南海海域均有分布。

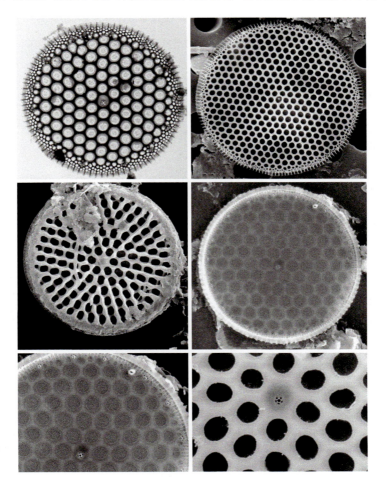

维斯吉思海链藻
Thalassiosira visurgis Hustedt, 1957

　　细胞直径为15～20.4μm，壳面凸起或凹下。壳面孔纹偏心状排列，在壳面中央处的密度为10μm内12～13个，壳缘处密度为10μm内约15个。一个中央支持突，基部有4个围孔。一圈壳缘支持突，密度为10μm内8～9个，每个壳缘支持突基部有4个围孔。两个唇形突位于壳缘支持突间，略靠近壳面一侧，相距大约180°，具有长的外管。

　　地理分布：淡水、海水中均有存在，在德国、英国、美国、墨西哥湾等地都有过报道。我国曾记录于南海海域。

威氏海链藻
Thalassiosira weissflogii (Grunow) Fryxell & Hasle, 1977

壳面圆盘形，平，直径9.1～19.3μm。壳面孔纹小，形状不规则，呈辐射状排列。壳面近中央处有3～6个支持突围成一环，基部2～3个围孔。一圈壳缘支持突，排列紧密，密度为10μm内12～15个。一个唇形突位于两个支持突的中间。

地理分布： 适应性强，分布广泛，在海水、淡水中都有发现。我国各海域均有记录，曾在福建省漳州市发生赤潮。

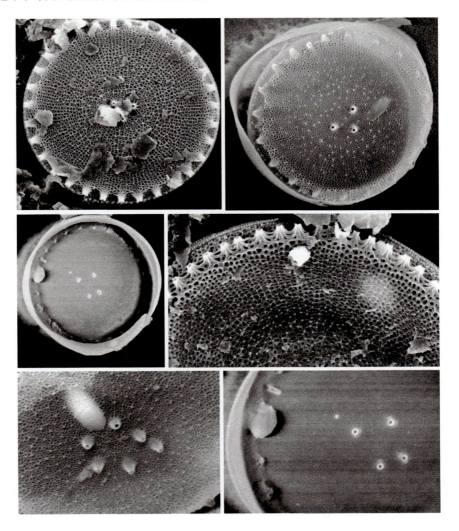

盒形藻目　Biddulphiales Krieger, 1954

真弯藻科 Eucampiaceae Schroder, 1911

细胞狭扁,壳面长椭圆形,通常两端具有突起,末端平。相邻细胞借突起或末端相连,成链状群体。群体链直或弯转、扭旋。本书介绍1属。

弯角藻属　*Eucampia* Ehrenberg, 1839

细胞宽环面观呈"工"字形,壳面椭圆形至长条状,细胞四个角各生有一顶端截平的短角状突起,相邻细胞借突起连接成螺旋状链。细胞间隙纺锤形至扁圆形。色素体盘状,小且数目多。本书介绍1种。

短角弯角藻
Eucampia zodiacus Ehrenberg, 1839

细胞宽环面观呈"工"字形,宽36~72μm,细胞中部高6~32μm。壳面中央凹下,壳面两极各生有一顶端截平的短角状突起,相邻细胞借突起连接成长的螺旋链,细胞间隙椭圆形至圆形。突起短,环面间插带少,光镜下不明显。

地理分布: 广布种。我国各海域均有分布,曾在胶州湾、厦门西港等海域暴发过赤潮。

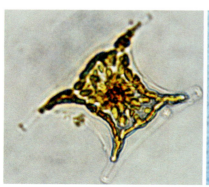
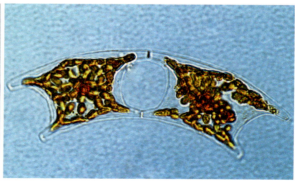

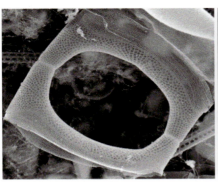 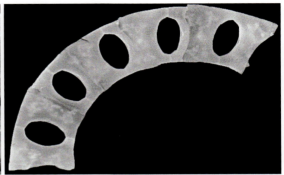

等片藻目　Diatomales Bory, 1824

等片藻科　Diatomaceae Dumortier, 1822

星杆藻属　*Asterionella* Hassall, 1850

细胞以一端黏合形成群体，齿状或螺旋状。多数种类细胞的基部膨大，呈三角形；另一端游离端狭细，延长。壳面的中线狭，具线状的细条纹，在基部条纹较明显。本书介绍1种。

日本星杆藻
Asterionella japonica Cleve, 1878

细胞群体生活，常以基部膨大一端相连成星形螺旋状的链。环面观，细胞由一个膨大呈三角形的基部（宽16～20μm）和一个细长的长柄组成，长柄末端平截，较狭，宽10μm。细胞长75～120μm。色素体一般为2片，有时1片，分布在细胞核附近，即细胞的三角形膨大部分。

地理分布： 近岸广温性种，分布广，数量大。在我国东海、南海、黄渤海海域均有分布。曾于1999年春季在大亚湾引发赤潮。

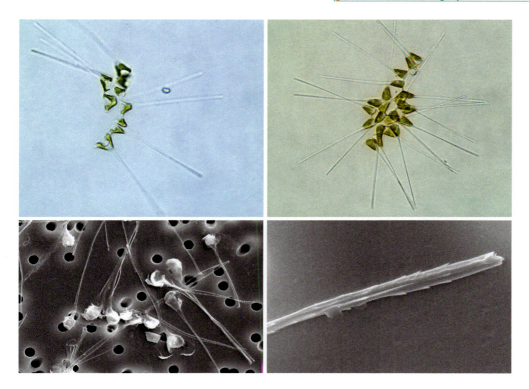

海线藻属   *Thalassionema* Grunow, 1902

细胞棒状，相连成锯齿链状群体。壳面两端圆形，等大。本属的两个末端大小、形状相似，是本属区别于海毛藻属的主要特征之一。本书介绍1种。

菱形海线藻
Thalassionema nitzschioides Grunow, 1862

细胞以胶质相连成星形或锯齿状群体，宽环面狭棒状，直或略弯曲。壳面呈棒状，但两端圆钝，同形。壳面长20～120μm，宽5～6μm。壳上两侧有短条纹。根据黏液分泌的位置，壳面两端各具一个细小的黏液孔。色素体颗粒状，多数，环面观常分成两排排列于细胞内。

地理分布：世界性沿岸种，分布很广，在温带海域大量出现。我国各海域均有分布，曾在广东省大鹏湾引发过赤潮。

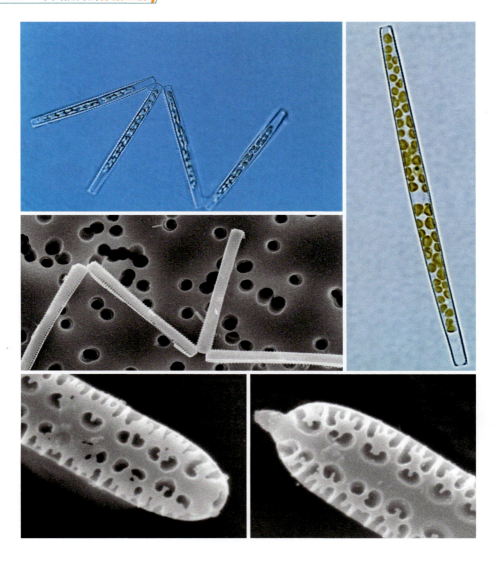

双菱藻目　**Surirellales Mann, 1990**

菱形藻科　Nitzschiaceae Schroder, 1911

管壳缝位于壳面的一侧。本书介绍3属。

棍形藻属　*Bacillaria* Gmelin, 1788

壳面棍形，环面观长矩形，管壳缝在中央，点条纹明显。细胞通常连接成竹排状。本书介绍1种。

奇异棍形藻
Bacillaria paradoxa Gmelin, 1788

细胞常叠在一起，呈带状群体。宽环面观棍形，壳面披针形。壳面宽5～9μm，长68～190μm。细胞间可以滑动，细胞一会滑动成长条形，一会滑动成平板形。细胞内色素体多数，小颗粒状，分散分布。

地理分布：沿岸种，海水和半咸水均有分布。我国南海、东海和黄海有分布。

筒柱藻属   *Cylindrotheca* Reimann & Lewin, 1964

细胞长，断面圆形，中央部分呈菱形或圆柱形，两端延伸，呈嘴状或头状。细胞常略呈"S"形。管壳缝有硅质或大体上有硅质，它的内壁特化形成弧形成排的肋。环面具多数单行的硅质狭带，通常无孔。本书介绍1种。

新月筒柱藻
Cylindrotheca closterium (Ehrenberg) Reimann & Lewin, 1964

细胞中央部分呈菱形，两端细长，常向同一侧弯曲成"S"形。细胞长17～42μm，宽1.4～8.0μm。壳面硅质化程度弱。色素体只分布在藻体中央处。

地理分布：广布种。我国各海域均有分布。

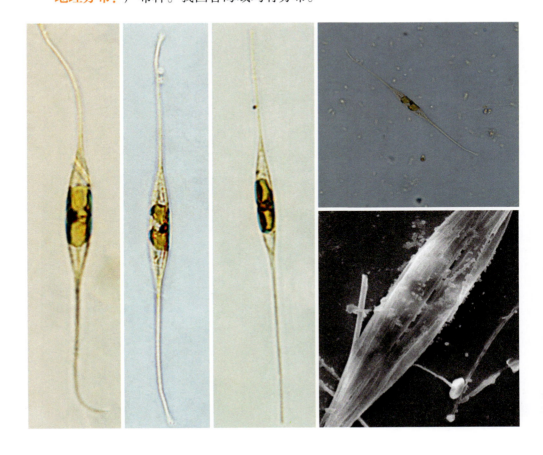

伪菱形藻属　*Pseudo-nitzschia* Peragallo, 1900

细胞梭形，两端渐尖。细胞借末端重叠连接成梯级错落的阶梯状群体。单细胞或群体具有沿细胞纵轴移动的能力，但群体中细胞之间没有相对滑动的能力。本属的很多种类有报道能产生软骨藻酸（domoic acid，DA），误食可引起记忆缺失。本书介绍14种。

美洲伪菱形藻
Pseudo-nitzschia americana (Hasle) Fryxell, 1993

细胞交错连接成短链，重叠部分约为壳面全长的1/10。环面观细胞线形，两端截平。壳面线形至披针形，两端钝圆。壳面长13.6～18μm，宽2.5～3.0μm。壳缝强烈偏心，无中节。肋突间距均匀，硅质化比肋纹重，光镜下可见。肋突密度为10μm内18～23条，肋纹密度为10μm内29～32条。点条纹在壳面大部与横轴平行，两端逐渐呈发散状，进而与纵轴平行。点条纹多由两排孔纹组成，靠近肋纹，但在近壳缝处偶有3排孔纹。孔条纹密度为每微米内8～9个。孔纹硅质膜内有筛孔，筛孔多排列成不规则的多边形。

地理分布：海水底栖生活或附着生活，世界广布种，日本、泰国、马来西亚、美国、加拿大、澳大利亚、巴西等地都有记录。我国广东省大亚湾和湛江港，以及福建省厦门港和香港吐露港有分布。

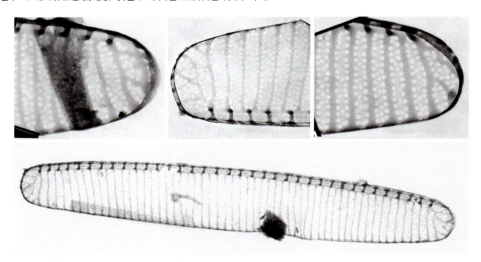

巴西伪菱形藻
Pseudo-nitzschia brasiliana Lundholm, Hasle & Fryxell, 2002

群体以多个细胞排列成阶梯形，重叠部分为壳面全长的1/11～1/8。环面观细胞线形，两端截平。壳面线形，在两端处逐渐收窄，壳端圆，两端对称。壳面长37～44μm，宽2～2.5μm。壳缝强烈偏心，无中节。肋突和肋纹的间距均匀，数目相当，光镜下可见，密度为10μm内22～29条。点条纹在壳面大部与横轴平行，两端逐渐呈发散状，进而与纵轴平行；不同细胞壳面两端点条纹排列方式多样。点条纹多含有2排孔纹，在壳面与壳套接合处常出现3排孔纹，孔纹靠近肋纹，中间被无纹区分隔。孔纹密度为每微米7～10个。孔纹硅质膜内有筛孔，筛孔多排列成不规则的多边形。

地理分布：沿海浮游生活，主要分布于温暖海域，在巴西、墨西哥湾、加利福尼亚湾、加拿大、泰国及韩国南部海域都有记录，曾在巴西沿海形成赤潮。在我国东海及南海海域均有分布。

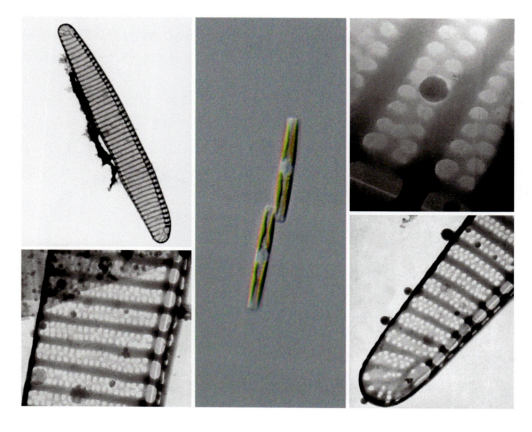

花形伪菱形藻
Pseudo-nitzschia caciantha **Lundholm, Moestrup & Hasle, 2003**

细胞可形成阶梯状群体。壳面披针形，两端钝圆，略微不对称，从壳面中部向两端渐尖，壳面一侧直，另一侧略微弯曲，长54～89μm，宽2.4～3.5μm。壳缝强烈偏心，有中节。肋突分布均匀，密度为10μm内14～19个，肋纹密度为10μm内26～34条。壳面点条纹由一排孔纹组成，孔纹近方形，密度为每微米内4～5个，每个孔纹多分裂为4～6个部分，分布在孔纹的四周，孔纹中部为无纹区。壳套的结构与壳面相似，1～2个孔纹高。

地理分布： 海水浮游生活，在墨西哥、安达曼海普吉岛及泰国海域有记录。我国广东沿海的湛江港、大亚湾、海陵湾、汕头港和柘林湾，以及香港吐露港都有分布。

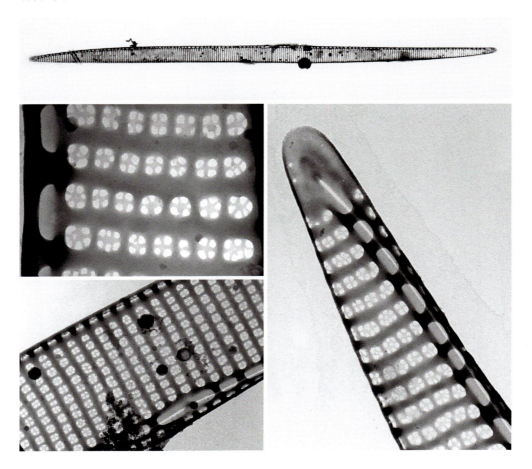

靓纹伪菱形藻
Pseudo-nitzschia calliantha Lundholm, Moestrup & Hasle, 2003

　　细胞可连接成阶梯状群体。环面观和壳面均为细长线形，胞间依靠壳端很短的部分相连。壳面长55～84μm，宽1.3～1.8μm。壳缝强烈偏心，具有中节。肋突排列均匀，10μm内14～21个，肋纹密度为10μm内26～42条。点条纹由一排圆形或方形孔纹组成，密度为每微米4～6个。每个孔纹多分裂为6～9个部分，大多分布在孔纹的四周，呈梅花状或伞形排列，孔纹中央多有1个或2个小孔。壳面与环带的筛孔多排列成不规则的多边形。壳套的结构与壳面相似，1个孔纹高。本种的典型特征就是孔纹的内部结构呈花朵形。

　　地理分布： 海水浮游生活，世界广布种，在丹麦海域、北大西洋、奥克尼群岛、黑海、加拿大、越南及澳大利亚悉尼附近海域都有发现记录。本种曾在亚得里亚海东部海域、地中海西北部海域有形成赤潮的记录。在我国东海及南海海域均有分布。

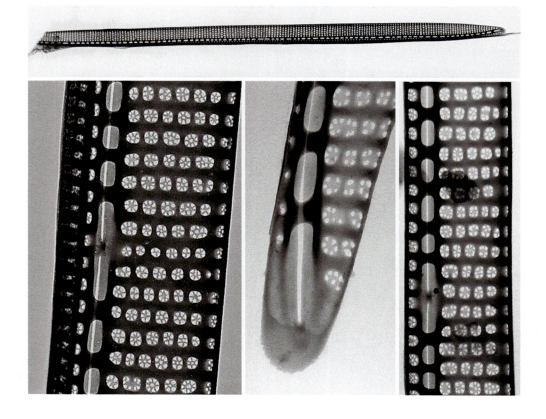

尖细伪菱形藻

Pseudo-nitzschia cuspidata (Hasle) Lundholm, Moestrup & Hasle, 1993

细胞相互重叠排列成链阶梯群体。壳面披针形，从壳面中部向两端渐尖。壳面长40～116μm，宽1.4～3.4μm。壳缝强烈偏心，具中节。肋突分布均匀，密度为10μm内14～23个。肋纹的密度为10μm内14～35条。点条纹由一排卵圆形或方形孔纹组成，每微米3～6个。孔纹硅质膜分成上下两个部分，偶有3～4部分。壳面与环带的筛孔多排列成不规则的多边形。壳套的结构与壳面相似，1个孔纹高。

地理分布： 海水浮游生活，在加那利群岛、中国香港、葡萄牙南部、悉尼、泰国、西班牙及墨西哥湾等海域有发现记录。在我国东海及南海海域均有分布。

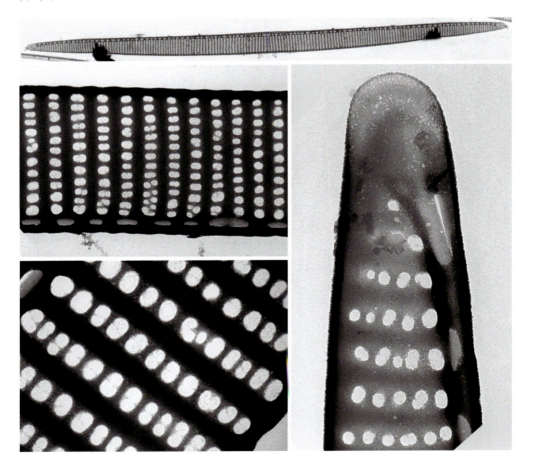

柔弱伪菱形藻
Pseudo-nitzschia delicatissima (Cleve) Heiden, 1928

细胞依靠壳面全长的1/10相连成群体。环面观末端截平状。壳面窄，披针形，末端截平。壳缝强烈偏心，具中节。壳面长36～85μm，宽1.4～2.4μm。肋纹密度为10μm内20～37条。肋突密度为10μm内14～23个。点条纹由两排孔纹组成，孔纹交错排列，靠近肋纹，密度为每微米内6～10个。孔纹内的筛孔多排列成不规则的多边形。

地理分布：海水浮游生活，世界广泛分布，在丹麦、意大利、墨西哥太平洋沿岸、智利瓦尔帕莱索湾等地有发现记录，在黑海西部海域有形成赤潮的记录。在我国东海、南海、黄渤海海域均有分布。曾在广东省大亚湾、汕头市、湛江港，渤海湾西部，天津市海域引发过赤潮。

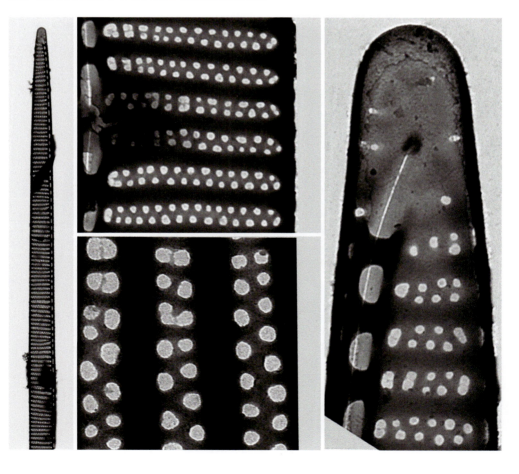

曼氏伪菱形藻
Pseudo-nitzschia mannii Amato & Montresor, 2008

细胞连接成阶梯状群体。壳面和环面均为线形。壳面长56～62μm，横轴宽1.7～2.6μm。壳缝强烈偏心，有中节。肋突密度为10μm内16～18个，点条纹密度为10μm内32～35个。点条纹由一排方形至圆形孔纹组成，孔纹硅质膜分成2～7个部分，放射状排列，多分布在孔纹四周，大部分孔纹中央无小孔纹，仅3.6%的孔纹中央有小孔纹。孔纹密度每微米4～5个。孔纹硅质膜内有筛孔，筛孔多排列成不规则的多边形。

地理分布：海水浮游生活，首次记录于地中海那不勒斯湾。我国广东柘林湾、海陵湾、汕头港、湛江港都有分布。

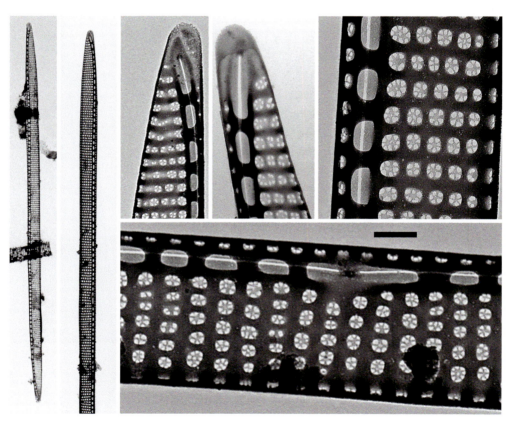

多列伪菱形藻
Pseudo-nitzschia multiseries (Hasle) Hasle, 1995

细胞以壳面全长的1/3连接成短的阶梯状群体。壳面硅质化较重，线形至披针形，纵轴对称，向两端渐尖，壳端钝圆。环面观纺锤形至线形。壳面长80～115μm，宽3.6～4.8μm。壳缝强烈偏心，无中节。肋突和肋纹的密度接近，10μm内12～14个。点条纹由3～4排孔纹组成，少有2排。孔纹密度为每微米4～6个，靠近肋纹的孔纹略大。壳套的结构与壳面相似，2～3个孔纹高。

地理分布： 世界广布种，在世界各地近岸海域均有发现记录。曾在日本海彼得大帝湾有形成赤潮的记录。在我国东海、南海、黄渤海海域均有分布。

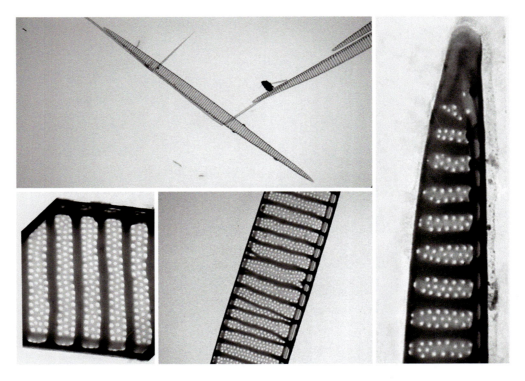

多纹伪菱形藻
Pseudo-nitzschia multistriata (Takano) Takano, 1995

细胞间以壳面全长的1/11～1/9连接成阶梯状群体。壳面外形略呈"S"形。壳面长36～55μm，宽3～4μm。壳缝强烈偏心，无中节。肋突密度为10μm内

20～23个，肋纹密度为10μm内40～46个，两条相邻的肋纹基部相连，并与相邻的肋突融合，形成"Y"形。点条纹由2排孔纹组成，密度为10μm内37～45个，孔纹密度为每微米10～12个。

地理分布： 新西兰及日本的渥美湾、福冈县海域均有形成赤潮的记录。在我国东海、南海、黄渤海海域均有分布。

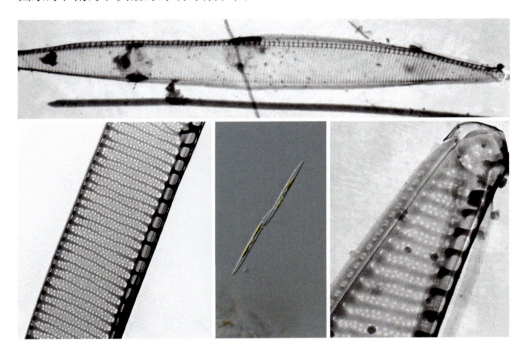

伪柔弱伪菱形藻
Pseudo-nitzschia pseudodelicatissima (Hasle) Lundholm, Hasle & Moestrup, 1993

细胞以壳面全长的1/10～1/8连接成阶梯状群体。环面观为线形或披针形。壳面细长线形，纵轴对称，两侧边缘大部分平行，两端尖细。壳面长54～84μm，宽1.4～2.1μm。壳缝强烈偏心，具中节。肋突排列均匀，10μm内16～24个，肋纹密度10μm内32～42条。点条纹由一排卵圆形至方形孔纹组成，密度为10μm内32～42条。孔纹密度为每微米5～6个，每个孔纹分裂为上下两部分。孔纹内有筛孔，排列紧密。壳套的结构与壳面相似，1～2个孔纹高。

地理分布： 丹麦海峡、加拿大芬迪湾及挪威南部等海域有发现记录，在加拿大芬迪湾有形成赤潮的记录。我国曾记录于长江口海域、厦门港和香港吐露港，以及广东的柘林湾、汕头港、大亚湾和海陵湾。

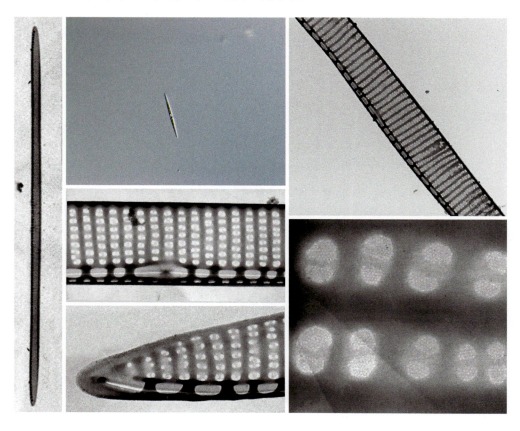

尖刺伪菱形藻
Pseudo-nitzschia pungens (Grunow & Cleve) Hasle, 1993

细胞间以壳面全长的1/4～1/3部分连接成链状群体。壳面线形至披针形，纵轴对称，两壳端异形。壳面长82.5～121μm，宽2.8～4.5μm。壳面硅质化重，肋突和肋纹光镜下可见。管壳缝强烈偏心，无中节。壳面肋突密度为10μm内9～13条，肋纹密度为10μm内10～12条。点条纹由2排孔纹组成，密度为每微米3～4个。

地理分布：海水浮游生活，常见于近岸海域。在我国大亚湾、大鹏湾及日本海彼得大帝湾有形成赤潮的记录。在我国东海、南海、黄渤海海域均有分布。曾在广东省大鹏湾、大亚湾、珠江口，福建省厦门市、三沙湾，浙江省宁波市，天津市及河北省秦皇岛市海域引发过赤潮。

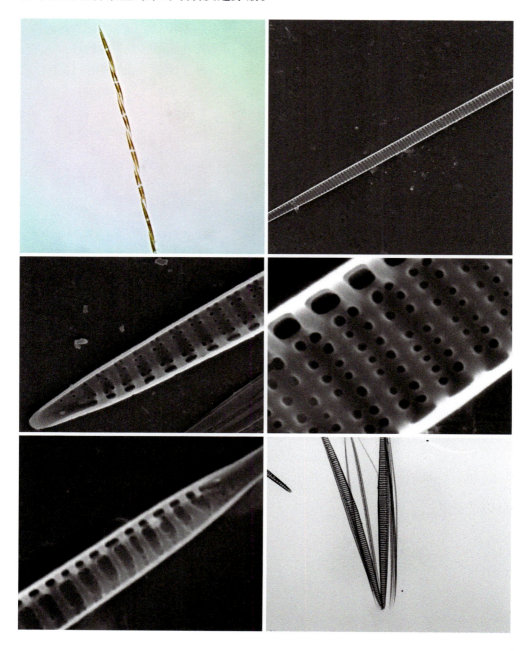

中华伪菱形藻
Pseudo-nitzschia sinca Qi & Wang, 1994

壳面披针形，硅质化较重，壳端从壳面长度的1/6处渐尖。管壳缝强烈偏心，有中节。壳面长100～108μm，宽4.2～4.5μm。肋突密度为10μm内8～10条，肋纹密度为10μm内12～16条。点条纹由一排孔纹组成，孔纹近方形，内部被分成上下两部分，密度为每微米2～3个。

地理分布：首次记录于我国广东省大鹏湾海域。广泛分布于广东沿海。

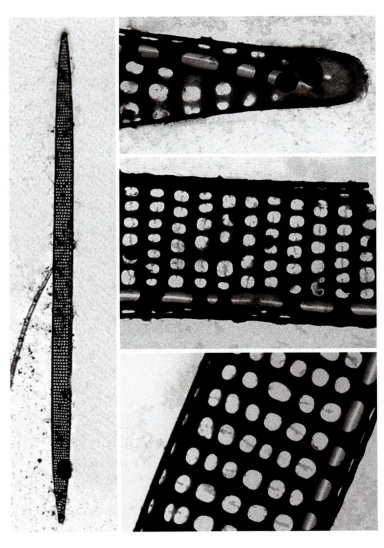

亚伪善伪菱形藻
Pseudo-nitzschia subfraudulenta (Hasle) Hasle, 1993

环面观呈"S"形。壳面线形，两侧对称，中部大部分平行，两端略尖，端钝圆。壳面长59～86μm，宽4.6～5.6μm。壳缝强烈偏心，具有中节。肋突密度10μm内13～16个，肋纹密度为10μm内22～27条。点条纹由两排紧密排列的孔纹组成，孔纹多裂分为3～5个部分，每微米5～6个。壳套具1～2排孔纹。

地理分布：主要分布在沿岸海域，大西洋、太平洋和印度洋沿岸海域均有记录。在我国南海及黄渤海海域均有分布。

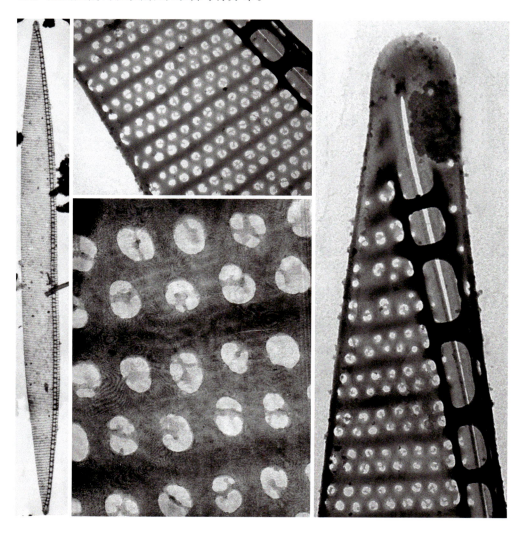

卡盾藻目　Chattonellales Throndsen, 1993

卡盾藻科　Chattonellaceae Throndsen, 1993

本书介绍2属。

卡盾藻属　*Chattonella* Biecheler, 1936

单细胞。细胞球形至纺锤形，后端常有凸出的尖尾。原生质外层分布有许多叶绿体，椭圆形，放射状排列。细胞无细胞壁，无眼点及伸缩泡。

色素体多，黄褐色到褐色。本书介绍1种。

海洋卡盾藻
Chattonella marina Hara & Chihara, 1982

单细胞，细胞无细胞壁，外形呈纺锤形、卵形或圆形，长30～55μm，宽20～32μm。末端较前端狭，无尖尾。腹面中央具1条纵沟，有2条鞭毛，前伸鞭毛为游泳鞭毛，后曳鞭毛紧贴纵沟。色素体黄褐色，数目多，椭圆形至卵形，由中心向四周做辐射状排列。

地理分布：世界广布赤潮种。在我国东海、南海、黄渤海海域均有分布。曾在我国台湾、广东大鹏湾及大亚湾、黄海北部发生赤潮。

生物毒性或危害：有毒种类，可产生3种毒素，神经毒素（neurotoxin）、溶血性毒素（hemolysin）和血凝素（hemagglutinin）。

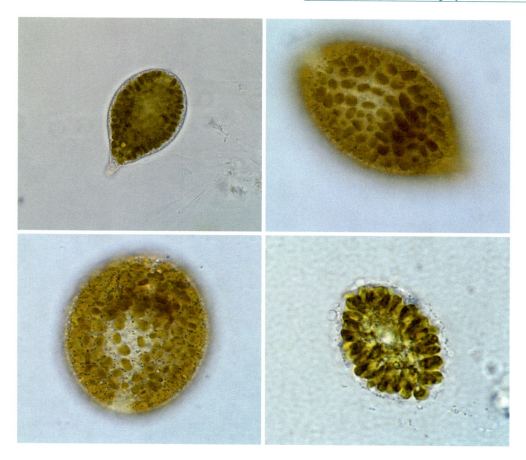

异弯藻属   *Heterosigma* Hada, Hara & Chihara, 1987

单细胞，个体小。细胞椭圆形，前端圆，后端细。细胞扁平，腹部有一斜沟，沟内伸出两条稍不等长的鞭毛，较长鞭毛沿沟伸向前方，另一条向后拖曳。细胞无细胞壁，有液泡。

叶绿体盘状，数目多。本书介绍1种。

赤潮异弯藻
Heterosigma akashiwo (Hada) Hada, 1987

单细胞，略呈椭圆形，长8.0～25μm，宽6～15μm。细胞裸露，无细胞壁。

在细胞腹部的1/4～1/3处有一斜沟状凹陷，自此基部伸出两条不等长的鞭毛。光镜下可见细胞中央有一蛋白核。色素体大，棕黄色，盘状。

地理分布：近岸种，世界广布。在我国东海、南海、黄渤海海域均有分布。曾在广东省深圳湾、珠江口、大亚湾、大鹏湾，浙江省舟山市、台州市、温州市海域引发过赤潮。

生物毒性或危害：有毒种类，可引起鱼类死亡。

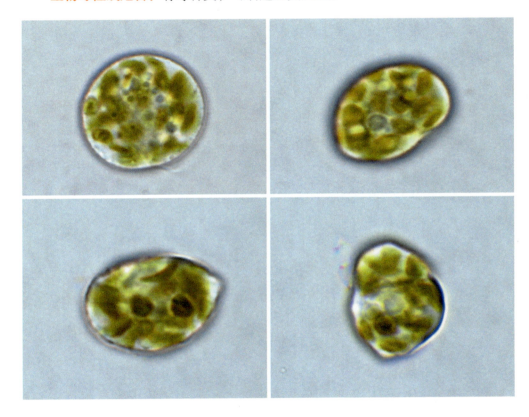

金藻门 Chrysophyta

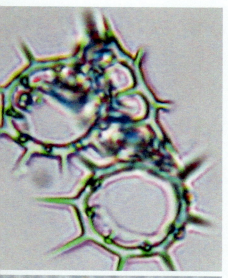

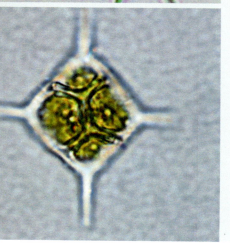

大多数为单细胞或群体，少数为分枝丝状体。多数运动种类和繁殖细胞具2条鞭毛，少数1条或3条，鞭毛等长或不等长。藻体呈全黄色、金褐色或黄绿色。不运动种类有细胞壁，主要由果胶质组成并含有硅质或钙质，有些种类的硅质可特化形成各种形状的骨架构造。本书介绍1目。

硅鞭藻目　Dictyochales Heackel, 1894

硅鞭藻科　Dictyochaceae Lemmermann, 1901

等刺硅鞭藻属　*Dictyocha* Ehrenberg, 1837

个体小，具一条鞭毛。活体细胞表面有4～9个刺伸出。死亡细胞可清晰观察到硅质基环，基环有分歧的刺，4～8面，还有一顶生的弓形顶端器，简单或由多个小单窗格集合而成。本书介绍1种。

小等刺硅鞭藻
Dictyocha fibula Ehrenberg, 1839

单细胞，球形，前端有一条鞭毛。细胞内有硅质骨骼，骨骼坚硬，分为基环、基支柱和中心柱。基环呈正方形或菱形，顶角各有一放射棘。基环每边近中央处有基支柱伸出，并与中心连接，形成4个基窗。

地理分布： 世界广布种。我国渤海、东海、台湾海峡和广东沿海都有分布，曾在大鹏湾盐田海域引发赤潮。

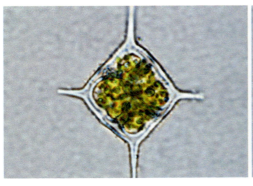
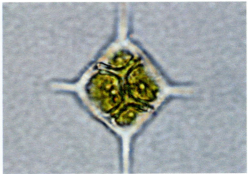

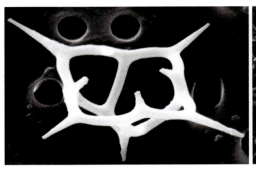 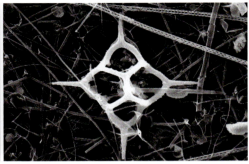

异刺硅鞭藻属　*Distephanus* Stöhr, 1880

单细胞。细胞前端生有一根鞭毛。细胞内有硅质骨骼，外被原生质膜。骨骼坚硬，分为基环、基支柱和中心柱。基环呈五至八角形，每角有一放射状的棘。本书介绍1种。

六异刺硅鞭藻
Distephanus speculum (Ehrenberg) Haeckel, 1887

单细胞，球形，前端有一条鞭毛，细胞内有硅质骨骼，骨骼坚硬，分为基环、基支柱和顶环。基环多边形，顶角有一放射棘。基环每边近中央处有基支柱伸出，连接各基支柱形成一环状结构，即顶环。基环常呈五角形、六角形、八角形等。

地理分布：世界性广布种。我国各海域均有分布。

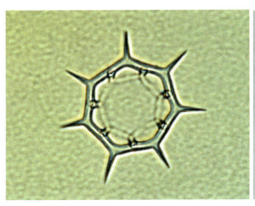 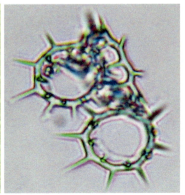

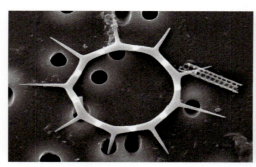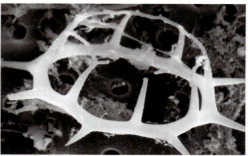

海胞藻目   Pelagomonadales Andersen & Saunders, 1993

海胞藻科 Pelagomonadaceae Andersen & Saunders, 1993

金球藻属   *Aureococcus* Hargraves & Sieburth, 1988

单细胞，细胞球形或类球形，呈金黄色。 细胞无细胞壁，单细胞核，具有1个叶绿体，内含蛋白核；无鞭毛和眼点。

抑食金球藻
Aureococcus anophagefferens Hargraves & Sieburth, 1988

单细胞，球形或近球形，细胞直径1.5～25μm，无鞭毛，叶绿体黄褐色，位于细胞两边。细胞核位于细胞中央，高尔基体侵入细胞质中，一些研究表明其具有孢囊。

地理分布：我国近岸海域都有分布，曾在河北省秦皇岛市海域发生赤潮。

生物毒性或危害：引起扇贝类死亡或发育不良。

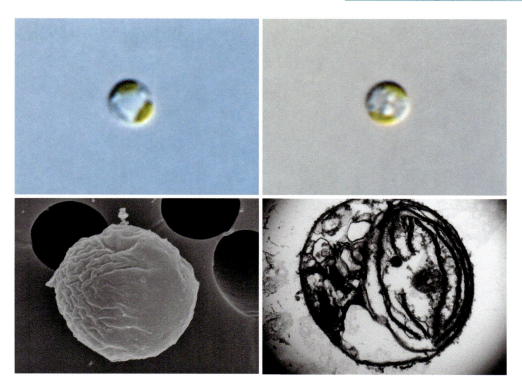

定鞭藻门 Haptophyta

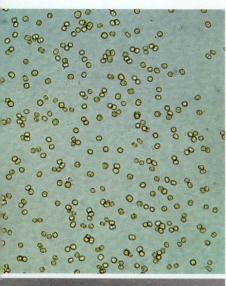

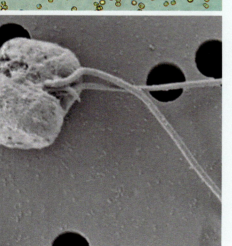

单细胞或群体，运动细胞球形、倒卵形、豆形。有两条鞭毛，等长或不等长。两条鞭毛之间有定鞭毛（haptonema）。定鞭的结构、功能、行为都与鞭毛不同，有控制旋转方向的功能。定鞭弯曲或伸直，细长或短而硬或退化。细胞表面具1至数层鳞片，形状多样，或具钙化的球石（coccolith）。

定鞭藻目 Prymnesiales Papenfuss, 1955

棕囊藻科 Phaeocystaceae Lagerheim, 1896

棕囊藻属 *Phaeocystis* Lagerheim, 1893

细胞有游泳单细胞和不动群体两种生活形态。本书介绍1种。

球形棕囊藻
Phaeocystis globosa Scherffel, 1899

有游泳单细胞和胶质囊群体两种不同的生活形态。单细胞球形或近球形，前端略凹，直径3～9μm，前端具有两条几乎等长的鞭毛，运动时一条向前呈波浪状运动，另一条斜向后方，另外两鞭毛间还有一根短的定鞭毛。群体为球形胶质囊泡，细胞包埋在胶质囊中，群体的直径从几十微米到三厘米不等。单细胞有2个色素体，黄褐色。

地理分布： 广温广盐性种。在我国东海、南海、黄渤海海域均有分布。曾在广东省汕尾市、湛江市、潮州市、珠江口，广西壮族自治区，海南省，河北省，辽宁省，天津市沿岸海域引发过赤潮。

生物毒性或危害： 有毒种类，可产生溶血性毒素。

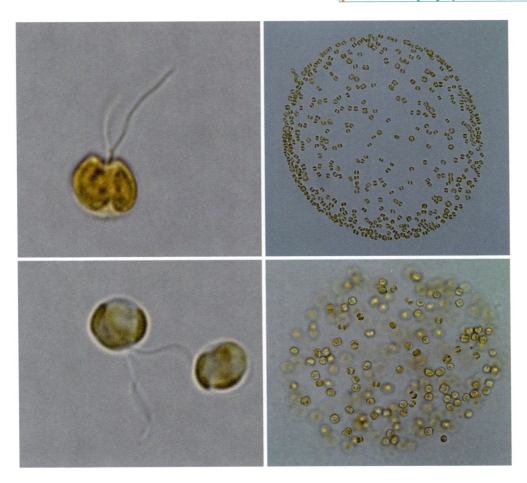

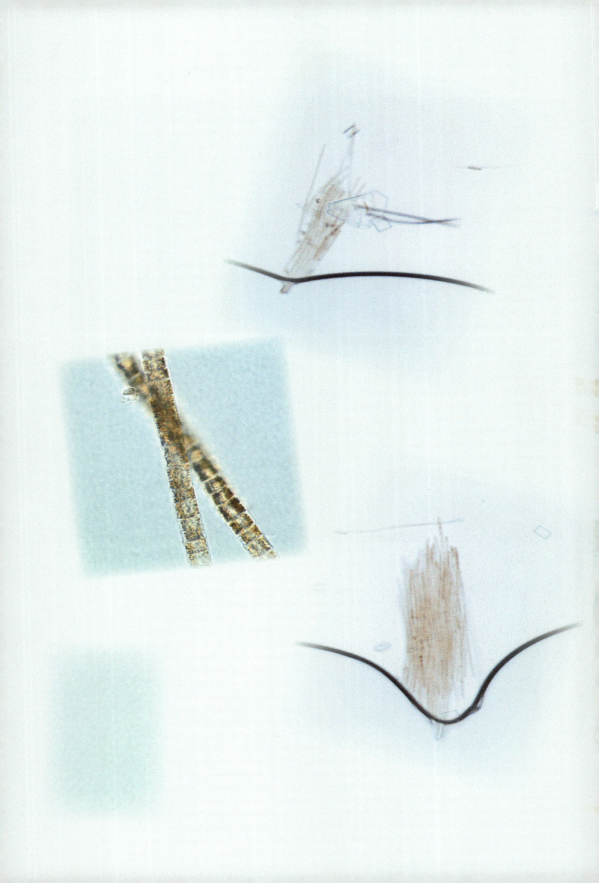

蓝藻门Cyanophyta

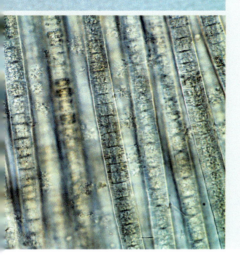

蓝藻门也称蓝细菌（Cyanobacteria），是最原始的藻类，是一类没有真正的细胞核和色素体的原核生物。藻体单细胞、群体或丝状体。丝状体中较原始的是由单列细胞组成的分枝或不分枝丝状体，高级的则由多列细胞组成复杂的丝状体，分化出顶部与基部，细胞列上有异形胞。蓝藻细胞无鞭毛或纤毛，但有些丝状体可以滑动。

颤藻目　Oscillatoriales Cavalier-Smith, 2002

植物体为多细胞单列丝状体，单生或聚集成群，不分枝或假分枝。藻丝呈线形或念珠状，直或螺旋形弯曲；细胞圆柱形、方形或盘状。顶部细胞半球形或圆锥形，外壁薄或增厚。无异形胞。

微鞘藻科　Microcoleaceae Strunecky, Johansen & Komárek, 2013

束毛藻属　*Trichodesmium* Ehrenberg, 1892

藻丝体呈束状群体，外部无胶质鞘包被。细胞圆柱形，细胞列末端钝圆。发生赤潮时，可见藻丝体呈絮状或木屑状的漂浮物。本书介绍1种。

红海束毛藻
Trichodesmium erythraeum Ehrenberg & Gomont, 1892

藻体由短筒形细胞叠成丝状群体，丝状群体常聚合在一起成束状。藻丝束浮游型，长约1mm，藻丝体直，几乎平行排列。顶端有的略变细，顶细胞半球形。细胞宽7～14μm，长约为宽的1/3，同一藻丝上相邻的两个细胞间有缢缩。

地理分布：热带性种，广泛分布于各大洋暖水区。在我国东海、南海、黄渤海海域均有分布。曾在我国广西北部湾、台湾、福建、广东海域引发过赤潮。

生物毒性或危害：有毒种类，可产生类似神经毒素的藻毒素。

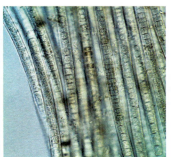

参 考 文 献

Bibby B T, Dodge J D. 1973. The ultrastructure and cytochemistry of microbodies in dinoflagellates. Planta, 112: 7-16.

Cen J Y, Wang J Y, Huang L F, et al. 2020. Who is the "murderer" of the bloom in coastal waters of Fujian, China in 2019? Journal of Oceanology and Limnology, 38(3): 722-732.

Cen J Y, Wang J Y, Huang L F, et al. 2021. *Karlodinium elegans* sp. nov. (Gymnodiniales, Dinophyceae), a novel species isolated from the East China Sea in a dinoflagellate bloom. Journal of Oceanology and Limnology, 39(1): 242-258.

Chen Z Y, Lundholm N, Moestrup Ø, et al. 2018. *Chaetoceros pauciramosus* sp. nov. (Bacillariophyceae), a widely distributed brackish water species in the *C. lorenzianus complex*. Protist, 169(5): 615-631.

Fensome R A, Taylor F J R, Norris G, et al. 1993. A Classification of Living and Fossil Dinoflagellates. New York: American Museum of Natural History.

Fryxell G A, Gould Jr R W, Watkins T P. 1984. Gelatinous colonies of the diatom *Thalassiosira* in Gulf Stream Warm Core Rings including *T. fragilis*, sp. nov. British Phycological Journal, 19(2): 141-156.

Fukuyo Y. 1985. Morphology of *Protogonyaulax tamarensis* (Lebour) Taylor and *Protogonyaulax catenella* (Whedon and Kofoid) Taylor from Japanese coastal waters. Bulletin of Marine Science, 37(2): 529-537.

Gao J, Dong Y L, Zhou X Y, et al. 2023. The biochemical composition of the brown tide causative species *Aureococcus anophagefferens* under different nitrogen sources. Journal of Oceanology and Limnology. doi: 10.1007/s00343-022-1343-7.

Hernández-Becerril D U, Pichardo-Velarde J G, Alonso-Rodríguez R, et al. 2023. Diversity and distribution of species of the planktonic dinoflagellate genus *Alexandrium* (Dinophyta) from the tropical and subtropical Mexican Pacific Ocean. Botanica Marina, 66(6): 539-557.

Kim Han-Sol, Park H, Wang H, et al. 2023. Saxitoxins-producing potential of the marine dinoflagellate *Alexandrium* affine and its environmental implications revealed by toxins and transcriptome profiling. Marine Environmental Research, 185: 105874.

Krock B, Tillmann U, Wen Y Y, et al. 2018. Show more Development of a LC-MS/MS method for the quantification of goniodomins A and B and its application to *Alexandrium pseudogonyaulax* strains and plankton field samples of Danish coastal waters. Toxicon, 155: 51-60.

Li Y, Boonprakob A, Gaonkar C C, et al. 2017. Diversity in the globally distributed diatom genus *Chaetoceros* (Bacillariophyceae): Three new species from warm-temperate waters. PLoS One, 12(1): e0168887.

Li Y, Dong H C, Teng S T, et al. 2018. *Pseudo-nitzschia nanaoensis* sp. nov. (Bacillariophyceae) from the Chinese coast of the South China Sea. Journal of Phycology, 54(6): 918-922.

Li Y, Guo Y Q, Guo X H. 2018. Morphology and molecular phylogeny of *Thalassiosira sinica* sp. nov. (Bacillariophyta) with delicate areolae and fultoportulae pattern. European Journal of Phycology, 53(2): 122-134.

Li Y, Huang C X, Xu G S, et al. 2017. *Pseudo-nitzschia simulans* sp. nov. (Bacillariophyceae), the first domoic acid producer from Chinese waters. Harmful Algae, 67: 119-130.

Li Y, Lu S H, Jiang T J, et al. 2011. Environmental factors and seasonal dynamics of *Prorocentrum* populations in Nanji Islands National Nature Reserve, East China Sea. Harmful Algae, 10: 426-432.

Li Y, Zhao Q L, Lu S H. 2013. The genus *Thalassiosira* off the Guangdong coast, South China Sea. Botanica Marina, 56(1): 83-110.

Li Y, Zhu S Y, Lundholm N, et al. 2015. Morphology and molecular phylogeny of *Chaetoceros dayaensis* sp. nov. (Bacillariophyceae), characterized by two 90° rotations of the resting spore during maturation. Journal of Phycology, 51(3): 469-479.

Likumahua S, Karin de Boer M, Krock B, et al. 2022. Co-occurrence of pectenotoxins and *Dinophysis* miles in an Indonesian semi-enclosed bay. Marine Pollution Bulletin, 185: 114340.

Long M, Krock B, Castrec J, et al. 2021. Unknown extracellular and bioactive metabolites of the genus *Alexandrium*: a review of overlooked toxins. Toxins, 13(12): 905.

Lu S H, Chao A M, Liang Q Y, et al. 2023. Is the dinoflagellate *Takayama xiamenensis* a synonym of *T. acrotrocha* (Kareniaceae, Dinophyceae)? Journal of Oceanology and Limnology. doi:10.1007/s00343-022-1321-0.

Lu S H, Li Y, Lundholm N, et al. 2012. Diversity, taxonomy and biogeographical distribution of the genus *Pseudo-nitzschia* (Bacillariophyceae) in Guangdong coastal waters, South China Sea. Nova Hedwigia, 95(1-2): 123-152.

Lu S H, Ou L J, Dai X F, et al. 2022. An overview of *Prorocentrum donghaiense* blooms in China: Species identification, occurrences, ecological consequences, and factors regulating prevalence. Harmful Algae, 114: 102207.

Luo Z H, Zhang H, Gu H F, et al. 2017. Morphology, molecular phylogeny and Okadaic acid production of epibenthic *Prorocentrum* (Dinophyceae) species from the northern South China Sea. Algal Research, 22: 14-30.

Luo Z H, Zhang H, Li Q, et al. 2022. Characterization of *Amphidinium* (Amphidiniales, Dinophyceae) species from the China Sea based on morphological, molecular, and pigment data. Journal of Oceanology and Limnology, 40(3): 1191-1219.

Pienaar C, Pieterse A J H. 1990. *Thalassiosira duostra* sp. nov. a new freshwater centric diatom from the Vaal River, South Africa. Diatom Research, 5(1): 105-111.

Qiu D J, Huang L M, Liu S, et al. 2011. Nuclear, mitochondrial and plastid gene phylogenies of *Dinophysis* miles (Dinophyceae): Evidence of variable types of chloroplasts. PLoS One, 6(12): e29398.

Rhodes L, McNabb P, Miguel de Salas, et al. 2006. Yessotoxin production by *Gonyaulax spinifera*. Harmful Algae, 5(2): 148-155.

Shikata T, Taniguchi E, Sakamoto S, et al. 2020. Phylogeny, growth and toxicity of the noxious red-tide dinoflagellate *Alexandrium* leei in Japan. Regional Studies in Marine Science, 36: 101265.

Smayda T J, Shimizu Y. 1993. Toxic Phytoplankton Blooms in the Sea. New York: Elsevier Science Publishers.

Wang J Y, Cen J Y, Li S, et al. 2018. A re-investigation of the bloom-forming unarmored dinoflagellate *Karenia longicanalis* (syn. *Karenia umbella*) from Chinese coastal waters. Journal of Oceanology and Limnology, 36(6): 2202-2215.

Wang Z H, Yuan M L, Liang Y, et al. 2011. Effects of temperature and organic and inorganic nutrients on the growth of *Chattonella marina* (Raphidophyceae) from the Daya Bay, South China Sea. Acta Oceanol, 30(3): 124-131.

Xu J J, Chen Z Y, Lundholm N, et al. 2018. Revisiting *Chaetoceros subtilis* and *C. subtilis* var. *abnormis* (Bacillariophyceae), reinstating the latter as *C. abnormis*. Phycologia, 57(6): 659-673.

Xu N, Wang M, Tang Y Z, et al. 2017. Acute toxicity of the cosmopolitan bloom-forming dinoflagellate *Akashiwo sanguinea* to finfish, shellfish, and zooplankton. Aquatic Microbial Ecology, 80(3): 209-222.

Xu Y X, He X L, Li H L, et al. 2021. Molecular identification and toxin analysis of *Alexandrium* spp. in the Beibu Gulf: First report of toxic *A. tamiyavanichii* in Chinese coastal waters. Toxins, 13(2): 161.

Yu Z M, Tang Y Z, Gobler C J. 2023. Harmful algal blooms in China: History, recent expansion, current status, and future prospects. Harmful Algae, 129: 102499.

Zhang H, Li Y, Cen J Y, et al. 2015. Morphotypes of *Prorocentrum lima* (Dinophyceae) from Hainan Island, South China Sea: Morphological and molecular characterization. Phycologia, 54(5): 503-516.

中文名索引

A

艾伦海链藻　91
鞍形凯伦藻　42
奥氏亚历山大藻　23

B

巴西伪菱形藻　132
扁面角毛藻　61
并基角毛藻　65

C

叉状三角藻　13
颤藻目　160
长沟凯伦藻　39
成对海链藻　93
齿角毛藻　66
齿角毛藻瘦胞变型　67
赤潮异弯藻　147
赤潮藻属　30
垂裂莱万藻　35
脆弱海链藻　104

D

大角三角藻　15
大西洋角毛藻骨架变种　57
大西洋角毛藻那不勒斯
　　变种　56
大西洋角毛藻原变种　55
丹麦角毛藻　63
丹麦细柱藻　85
等刺硅鞭藻属　150

等片藻科　126
等片藻目　126
蝶形凯伦藻　41
定鞭藻门　155
定鞭藻目　156
东海原甲藻　3
短孢角毛藻　58
短叉角毛藻　76
短角弯角藻　125
多甲藻科　48
多甲藻目　48
多列伪菱形藻　138
多纹伪菱形藻　138
多纹膝沟藻　27

E

厄氏海链藻范氏变种　117

G

钙甲藻亚科　48
骨条藻科　86
骨条藻属　86
硅鞭藻科　150
硅鞭藻目　150
硅藻门　53
棍形藻属　129

H

海胞藻科　152
海胞藻目　152
海链藻科　89
海链藻属　89

海线藻属　127
海洋角毛藻　77
海洋卡盾藻　146
海洋原甲藻　11
盒形藻目　125
亨氏海链藻　106
红海束毛藻　160
红色赤潮藻　30
花形伪菱形藻　133

J

极小海链藻　113
甲藻门　1
假微型海链藻　118
假旋沟藻属　37
尖刺伪菱形藻　140
尖细伪菱形藻　135
角毛藻科　54
角毛藻属　54
角藻科　13
结节海链藻　116
金球藻属　152
金藻门　149
紧挤角毛藻　60
具刺膝沟藻　28
具尾鳍藻　50
剧毒卡尔藻　46
聚生角毛藻　82

K

卡盾藻科　146
卡盾藻目　146

卡盾藻属　146
卡尔藻属　43
卡氏角毛藻　59
凯伦藻科　39
凯伦藻属　39
克尼角毛藻　72
库希海链藻　108

L

莱万藻属　35
蓝藻门　159
棱角海链藻　92
李氏亚历山大藻　20
利马原甲藻变型1　6
利马原甲藻变型2　7
利马原甲藻变型3　8
利马原甲藻变型4　9
利马原甲藻变型5　10
链状裸甲藻　33
链状亚历山大藻　19
靓纹伪菱形藻　134
菱形海线藻　127
菱形藻科　128
六异刺硅鞭藻　151
伦德海链藻　110
罗氏角毛藻　75
裸甲藻科　30
裸甲藻目　30
裸甲藻属　33

M

马氏亚历山大藻　21
曼氏伪菱形藻　137
美洲伪菱形藻　131
米氏凯伦藻　40
秘鲁角毛藻　78
敏盐骨条藻　87

牟氏三角藻　16

N

拟膝沟亚历山大藻　24
拟旋链角毛藻　79
扭链角毛藻　84

P

盘状硅藻目　54
偏心海链藻　101
平孢角毛藻　74
平滑海链藻　108
平滑角毛藻　73

Q

奇异棍形藻　129
鳍藻科　49
鳍藻目　49
鳍藻属　49
前沟藻属　31
强壮前沟藻　32
球形棕囊藻　156
裙带海链藻　121

R

绕顶塔卡藻　47
热带骨条藻　88
日本星杆藻　126
柔弱海链藻　122
柔弱角毛藻　64
柔弱伪菱形藻　136

S

三角藻属　13
三叶原甲藻　12
深沟假旋沟藻　38
施克里普藻属　48

束毛藻属　160
双孢角毛藻　67
双孢角毛藻英国变种　68
双环海链藻　99
双脊角毛藻　61
双菱藻目　128
双凸藻属　36
双线海链藻　100
梭三角藻　14
梭形双凸藻　37

T

塔卡藻属　46
塔玛亚历山大藻　25
田宫亚历山大藻　26
筒柱藻属　130

W

弯角藻属　125
威氏海链藻　124
微鞘藻科　160
微线形海链藻　115
微小海链藻　103
微小亚历山大藻　22
维斯吉思海链藻　123
伪菱形藻属　131
伪柔弱伪菱形藻　139
萎软海链藻　112

X

西达礁海链藻　96
膝沟藻科　18
膝沟藻目　13
膝沟藻属　27
细孔海链藻　119
细弱海链藻　120
细柱藻科　85

细柱藻属　85
夏季海链藻　90
纤维原甲藻　5
暹罗角毛藻　81
线形海链藻　109
相近亚历山大藻　18
小等刺硅鞭藻　150
小字海链藻　114
心形原甲藻　2
新月筒柱藻　130
星杆藻属　126
旋链角毛藻　62
旋转海链藻　98

Y

亚历山大藻属　18
亚太平洋伪菱形藻　144

亚伪善伪菱形藻　143
夜光藻　52
夜光藻科　52
夜光藻目　52
夜光藻属　52
伊姆裸甲藻　34
异鞭藻门　145
异刺硅鞭藻属　151
异角毛藻　70
异弯藻属　147
抑食金球藻　152
缢缩海链藻　97
印度角毛藻　71
勇士鳍藻　51
优美卡尔藻　45
有翼海链藻　94
原甲藻科　2

原甲藻目　2
原甲藻属　2
圆海链藻　105
圆柱角毛藻　83
远距角毛藻　69

Z

窄隙角毛藻　54
真弯藻科　125
指沟卡尔藻　43
中华伪菱形藻　142
中肋骨条藻　87
锥状施克里普藻　48
棕囊藻科　156
棕囊藻属　156
嘴状角毛藻　80

拉丁名索引

A

Akashiwo　30

Akashiwo sanguinea　30

Alexandrium　18

Alexandrium affine　18

Alexandrium catenella　19

Alexandrium leei　20

Alexandrium margalefii　21

Alexandrium minutum　22

Alexandrium ostenfeldii　23

Alexandrium pseudogonyaulax　24

Alexandrium tamarense　25

Alexandrium tamiyavanichii　26

Amphidinium　31

Amphidinium carterae　32

Asterionella　126

Asterionella japonica　126

Aureococcus　152

Aureococcus anophagefferens　152

B

Bacillaria　129

Bacillaria paradoxa　129

Bacillariophyta　53

Biddulphiales　125

C

Ceratiaceae　13

Chaetoceros　54

Chaetoceros affinis　54

Chaetoceros atlanticus var. *atlanticus*　55

Chaetoceros atlanticus var. *neapolitanus*　56

Chaetoceros atlanticus var. *skeleton*　57

Chaetoceros brevis　58

Chaetoceros castracanei　59

Chaetoceros coarctatus　60

Chaetoceros compressus　61

Chaetoceros costatus　61

Chaetoceros curvisetus　62

Chaetoceros danicus　63

Chaetoceros debilis　64

Chaetoceros decipiens　65

Chaetoceros denticulatus　66

Chaetoceros denticulatus f. *angusta*　67

Chaetoceros didymus　67

Chaetoceros didymus var. *anglicus*　68

Chaetoceros distans　69

Chaetoceros diversus　70

Chaetoceros indicus　71

Chaetoceros knipowitschii　72

Chaetoceros laevis　73

Chaetoceros laevisporus　74

Chaetoceros lauderi　75

Chaetoceros messanensis　76

Chaetoceros pelagicus　77

Chaetoceros peruvianus　78

Chaetoceros pseudocurvisetus　79

Chaetoceros rostratus　80

Chaetoceros siamense　81

Chaetoceros socialis　82

Chaetoceros teres　83

Chaetoceros tortissimus　84

Chaetocerotaceae　54

Chattonella 146

Chattonella marina 146

Chattonellaceae 146

Chattonellales 146

Chrysophyta 149

Cyanophyta 159

Cylindrotheca 130

Cylindrotheca closterium 130

D

Diatomaceae 126

Diatomales 126

Dictyocha 150

Dictyocha fibula 150

Dictyochaceae 150

Dictyochales 150

Dinophysales 49

Dinophysaceae 49

Dinophysis 49

Dinophysis caudata 50

Dinophysis miles 51

Discoidales 54

Distephanus 151

Distephanus speculum 151

E

Eucampia 125

Eucampia zodiacus 125

Eucampiaceae 125

G

Gonyaulacaceae 18

Gonyaulacales 13

Gonyaulax 27

Gonyaulax polygramma 27

Gonyaulax spinifera 28

Gymnodiniaceae 30

Gymnodiniales 30

Gymnodinium 33

Gymnodinium catenatum 33

Gymnodinium impudicum 34

H

Haptophyta 155

Heterokontophyta 145

Heterosigma 147

Heterosigma akashiwo 147

K

Karenia 39

Karenia longicanalis 39

Karenia mikimotoi 40

Karenia papilionacea 41

Karenia selliformis 42

Kareniaceae 39

Karlodinium 43

Karlodinium digitatum 43

Karlodinium elegans 45

Karlodinium veneficum 46

L

Leptocylindraceae 85

Leptocylindrus 85

Leptocylindrus danicus 85

Levanderina 35

Levanderina fissa 35

M

Microcoleaceae 160

N

Nitzschiaceae 128

Noctiluca 52

Noctiluca scintillans 52

Noctilucaceae　52

Noctilucales　52

O

Oscillatoriales　160

P

Pelagomonadaceae　152

Pelagomonadales　152

Peridiniaceae　48

Peridiniales　48

Phaeocystaceae　156

Phaeocystis　156

Phaeocystis globosa　156

Prorocentraceae　2

Prorocentrales　2

Prorocentrum　2

Prorocentrum cordatum　2

Prorocentrum donghaiense　3

Prorocentrum gracile　5

Prorocentrum lima-morphotype 1　6

Prorocentrum lima-morphotype 2　7

Prorocentrum lima-morphotype 3　8

Prorocentrum lima-morphotype 4　9

Prorocentrum lima-morphotype 5　10

Prorocentrum micans　11

Prorocentrum triestinum　12

Prymnesiales　156

Pseliodinium　36

Pseliodinium fusus　37

Pseudocochlodinium　37

Pseudocochlodinium profundisulcus　38

Pseudo-nitzschia　131

Pseudo-nitzschia americana　131

Pseudo-nitzschia brasiliana　132

Pseudo-nitzschia caciantha　133

Pseudo-nitzschia calliantha　134

Pseudo-nitzschia cuspidata　135

Pseudo-nitzschia delicatissima　136

Pseudo-nitzschia mannii　137

Pseudo-nitzschia multiseries　138

Pseudo-nitzschia multistriata　138

Pseudo-nitzschia pseudodelicatissima　139

Pseudo-nitzschia pungens　140

Pseudo-nitzschia sinca　142

Pseudo-nitzschia subfraudulenta　143

Pseudo-nitzschia subpacifica　144

Pyrrophyta　1

S

Scrippsiella　48

Scrippsiella acuminata　48

Skeletonema　86

Skeletonema costatum　87

Skeletonema subsalsum　87

Skeletonema tropicum　88

Skeletonemaceae　86

Surirellales　128

T

Takayama　46

Takayama acrotrocha　47

Thalassionema　127

Thalassionema nitzschioides　127

Thalassiosira　89

Thalassiosira aestivalis　90

Thalassiosira allenii　91

Thalassiosira angulata　92

Thalassiosira binata　93

Thalassiosira bipartita　94

Thalassiosira cedarkeyensis　96

Thalassiosira constricta　97

Thalassiosira curviseriata　98

Thalassiosira diporocyclus　99

Thalassiosira duostra　100

Thalassiosira eccentrica　101

Thalassiosira exigua　103

Thalassiosira fragilis　104

Thalassiosira gravida　105

Thalassiosira hendeyi　106

Thalassiosira kushirensis　108

Thalassiosira laevis　108

Thalassiosira lineata　109

Thalassiosira lundiana　110

Thalassiosira mala　112

Thalassiosira minima　113

Thalassiosira minuscula　114

Thalassiosira nanolineata　115

Thalassiosira nodulolineata　116

Thalassiosira oestrupii var. *venrickae*　117

Thalassiosira pseudonana　118

Thalassiosira punctigera　119

Thalassiosira subtilis　120

Thalassiosira tealata　121

Thalassiosira tenera　122

Thalassiosira visurgis　123

Thalassiosira weissflogii　124

Thalassiosiraceae　89

Thoracosphaeraceae　48

Trichodesmium　160

Trichodesmium erythraeum　160

Tripos　13

Tripos furca　13

Tripos fusus　14

Tripos macroceros　15

Tripos muelleri　16